U0281624

国家出版基金项目
NATIONAL PUBLICATION FOUNDATION

重庆市出版专项资金资助项目
重庆市"十三五"重点出版物出版规划项目

山地城市交通创新实践丛书

山地城市交通设计
创新与实践

蒋中贵 ◇ 编著

重庆大学出版社

图书在版编目(CIP)数据

山地城市交通设计创新与实践 / 蒋中贵编著. –– 重庆:
重庆大学出版社, 2019.10
（山地城市交通创新实践丛书）
ISBN 978-7-5624-9679-3

Ⅰ.①山…　Ⅱ.①蒋…　Ⅲ.①山区城市—城市规划—
交通规划—研究　Ⅳ.①TU984.191

中国版本图书馆CIP数据核字（2016）第220862号

山地城市交通创新实践丛书
山地城市交通设计创新与实践
Shandi Chengshi Jiaotong Sheji Chuangxin yu Shijian

蒋中贵　编著
策划编辑：雷少波　张慧梓　林青山

责任编辑：张　婷　张慧梓　　　版式设计：张　婷
责任校对：谢　芳　　　　　　　责任印制：张　策
＊
重庆大学出版社出版发行
出版人：饶帮华
社址：重庆市沙坪坝区大学城西路21号
邮编：401331
电话：（023）88617190　88617185（中小学）
传真：（023）88617186　88617166
网址：http://www.cqup.com.cn
邮箱：fxk@cqup.com.cn（营销中心）
全国新华书店经销
重庆新金雅迪艺术印刷有限公司印刷
＊
开本：787mm×1092mm　1/16　印张：9.75　字数：223千
2019年10月第1版　2019年10月第1次印刷
ISBN 978-7-5624-9679-3　定价：98.00元

第 7 章

高速干切滚齿工艺参数优化及其系统开发

本章要点

◎ 高速干切滚齿工艺参数综述

◎ 高速干切滚齿工艺参数优化模型

　　齿轮滚切工艺是目前应用最广泛的齿轮加工工艺之一,并呈现出由传统湿式滚切向高速干式滚切发展的必然趋势。高速干切工艺的出现和逐步成熟为齿轮滚切实现绿色环保加工以及高效自动化生产提供了技术条件。高速干切机理研究表明,高速干切滚齿加工中,80%切削热由切屑吸收并快速排出切削区,其余分别传递到刀具和工件;不同切削工艺参数下,切屑厚度不同,因而吸收带走的热量不同,并且其对机床功率、刀具寿命和齿部形成质量均有不同的影响。优化高速干切滚齿工艺参数,在保证高速干切滚刀的使用寿命的同时,又能提高加工效率,减少加工成本,从而发挥出高速干切滚齿工艺最佳性能,是高速干切滚齿工艺参数优化的重点。企业在实际生产过程中,最关注的目标是效率和成本,研究齿轮高速干式滚切工艺中加工效率、加工成本与工艺参数之间的关系,进而对工艺参数进行最优化是广泛应用齿轮高速干式滚切这一工艺迫切需要解决的问题。

7.1　高速干切滚齿工艺参数概述

7.1.1　高速干切滚齿工艺参数常用表示符号

　　齿轮高速干切滚齿工艺是一个复杂的齿轮加工过程,其相关工艺参数较多,计算较为复杂。高速干切滚齿工艺参数包括:齿轮工件的几何参数,高速干切滚刀的几何参数,高速干切机床的技术参数,以及进给量、切削速度、主轴转速等切削工艺参数。各参数常用符号见表7.1。

表 7.1　滚齿工艺参数表示符号

参数名称	符　号	参数名称	符　号
齿轮法向模数/mm	m_n	滚刀模数	m
齿轮齿数	z	滚刀头数/mm	z_0
齿轮旋向	k_g	滚刀外径/mm	d_{a0}
齿轮螺旋角	β	滚刀槽数	Z_k
齿轮压力角	α	滚刀旋向	k_h
齿轮宽度/mm	B	切削速度/$(m \cdot min^{-1})$	v
齿顶高系数	h_a^*	轴向进给量/$(mm \cdot r^{-1})$	f
顶隙系数	c^*	进给速度/$(mm \cdot min^{-1})$	F_z
主轴转速/$(r \cdot mm^{-1})$	N	主轴转速/$(r \cdot min^{-1})$	n

7.1.2　齿轮工件基本参数

齿轮是传递动力的重要机械零件之一。齿轮材料的种类很多,规格不一,工程塑料、陶瓷、有色金属以及黑色金属均可作为齿轮材料,且齿轮工况复杂,失效形式多种多样。因此齿轮材料的选择尤为重要,表 7.2 为常用齿轮材料及其抗拉强度。常见齿轮直径可为几毫米至十几米,模数范围0.05 ~ 40 mm。齿轮按旋向分为左旋齿轮、右旋齿轮,按是否变位分为变位齿轮和标准齿轮,按齿制分为正常齿制和短齿制。齿轮参数复杂,几何计算较多但有一定规律。齿轮常用参数的符号及计算方法见表 7.3。

表 7.2　齿轮常用材料抗拉强度

齿轮常用材料	45 钢调质	40Cr	35SiMn	40MnB	20Cr
抗拉强度 σ_b/MPa	647	700	750	735	637
齿轮常用材料	20CrMnTi	ZG45	ZG55	QT600-3	QT700-2
抗拉强度 σ_b/MPa	1 079	580	650	600	700

表 7.3　齿轮工件参数符号及计算方法

参数名称	符　号	计算方法
法向模数	m_n	按标准给定
齿轮齿数	z	设计确定
齿轮旋向	k_g	设计确定(左旋 +1,右旋 − 1)
齿轮螺旋角	β	设计确定
分度圆法向压力角	α_n	设计确定
分度圆端面压力角	α_t	$\tan \alpha_n = \tan \alpha_t \cos \beta$
齿轮分度圆直径	d_g	$d_g = (m_n/\cos \beta)z$
齿轮宽度/mm	B	设计确定
齿轮变位系数	x_m	设计确定
齿顶高系数	h_a^*	正常齿:1,短齿:0.8
顶隙系数	c^*	正常齿:0.25,短齿:0.3
齿轮材料		设计确定

齿轮材料的切削性能是制约高速干切滚齿工艺参数的关键因素,对不同类型或规格的齿轮,需选择不同的加工方式。

7.1.3 高速干切滚刀基本参数

（1）高速干切滚刀几何参数

理论上，滚刀的形状应是开出容屑槽、具有一定前角（可为 0°）和后角的渐开线斜齿圆柱齿轮。但由于一般齿轮滚刀的头数较少（1～4 头），螺旋角较大，其外形似开了槽的渐开线蜗杆。高速干切滚刀几何参数包括模数、压力角、头数、槽数、外径、长度、旋向、螺旋角等，高速干切滚刀参数及计算方法见表 7.4。

表 7.4　高速干切滚刀参数及计算方法

参数名称	符　号	计算方法
模数	m_n	按标准给定
法向压力角	α_n	按标准给定
滚刀头数	z_0	设计确定
滚刀槽数	Z_k	设计确定
滚刀外径	d_{a0}	设计确定
滚刀旋向	k_h	设计确定（左旋 +1，右旋 −1）
滚刀螺旋升角	λ	$\lambda = k_1 \cdot \arcsin\left(\dfrac{z_0 \cdot m}{d_{a0}} \right)$
滚刀基体材料		PM-HSS 或 HM
滚刀涂层		设计确定

高速干切滚刀的几何参数对制订切削参数有一定影响。增加滚刀的头数 z_0，可以增大轴向进给速度，缩短滚切加工时间，提高生产效率。目前各刀具生产商设计的高速干切滚刀普遍采用 2～3 头。

（2）高速干切滚刀基体材料及涂层

由于高速干切滚齿工艺缺少切削油的润滑和散热，因此要求高速干切滚刀具有更高的耐**热性和抗冲击性，对其基体材料和涂层的要求**也相对苛刻，如何选用高速干切滚刀的基体材料和涂层是实现高速干切滚齿工艺的关键技术。高速干切滚刀基体材料目前常用的是粉末冶金高速钢和硬质合金，两者各有优劣，其分析详见第 6 章。

为减少刀具与工件间的元素扩散和化学反应，减缓刀具磨损并提高滚刀表面的硬度、耐**磨性、耐热氧化性，以及提高刀具的切削性能，**高速干切滚刀表面需要覆盖涂层，常见的滚刀涂层材料主要有 TiC、TiN、TiCN、TiAlN、Al$_2$O$_3$、MoS$_2$、金刚石等，涂层的发展逐步由单一涂层、复合涂层，发展为多元复合纳米涂层等，如图 7.1 所示。多元复合涂层能够根据不同加工材料及工艺参数选择最优涂层成分，且纳米技术在涂层刀具中的应用极大地提高了涂层的组织力学性能及表面质量。AP 复合涂层受到国内高速干切滚刀生产厂家的青睐。高速干切滚刀涂层的厚度一般为 5～8 μm，比较薄的涂层在冲击载荷下，经受温度变化的性能较好，薄涂层的内部应力比较小，不易产生裂纹。

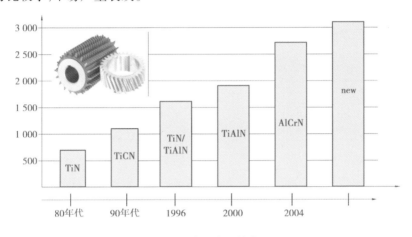

图 7.1　滚刀涂层的发展

（3）高速干切滚刀的磨损

　　由于高速干切滚刀制造工艺复杂，基体材料及涂层都比较昂贵，因此滚刀的购置费用以及刀具的重磨和重涂层费用是齿轮单件成本的主要构成成分之一。了解高速干切滚刀磨损机理和提高刀具寿命对优化该工艺有重要意义。高速干切滚刀的磨损与切削速度，进给量等滚削工艺参数密切相关，高速干切滚刀磨损与切削参数之间的关系如图 7.2 所示。

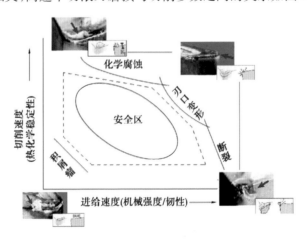

图 7.2　刀具磨损与加工参数的关系

高速干切滚齿切削加工过程中,滚刀与工件之间因去除材料产生剧烈挤压,同时,刀齿前刀面与切屑、后刀面与工件产生剧烈的摩擦与挤压,且滚齿区域较为封闭,刀齿散热及润滑条件恶劣。刀齿顶刃部分、侧刃部分及前刀面磨损较为严重,对高速干切滚刀使用寿命影响很大。在高速干切滚齿中,如果切削速度和进给速度过低,则在滚刀前刀面容易产生积屑瘤;如果进给速度过高,则刀具受到的冲击较大,容易造成刀刃断裂,而当切削速度过高时,刀具容易产生化学腐蚀,当切削速度和进给速度都较高时,滚刀刃口容易发生变形。所以高速干切工艺切削参数必须设置在安全区范围内才能最大限度地减少滚刀磨损,保证高速干切滚刀的使用寿命。

在切削过程中,工件与高速干切滚刀切削刃区之间存在相互作用,随着磨损的累积将产生刀刃区域磨损,当磨损量累积达到磨钝标准值时,应当对高速干切滚刀进行重磨后再涂层以增加滚刀寿命。如果随着高速干切滚刀磨损累积未进行串刀或者重磨时,滚刀涂层在剧烈的机械磨损作用下将可能产生热化学磨损,最终导致涂层整体剥落、基体暴露。涂层剥落后,滚刀基体直接参与切屑和工件接触,基体快速磨损或萌生微裂纹,最终导致高速干切滚刀报废。因此,通常高速干切滚刀在结构设计上采用小径、长轴距,进而通过机床自动串刀、增加滚刀的使用寿命,同时减小刀具安装辅助时间,大幅度提高生产效率。

7.1.4　高速干切滚齿机床参数

滚齿机床是使用最广泛的齿轮加工机床,其数量占整个齿轮加工机床的45%左右。高速干切滚齿机床相比普通滚齿机床,其床身结构必须更有利于切屑的自动排出以带走切削产生的热量,另外主轴转速要更高才能实现高速切削。

高速干切滚齿机床主要技术规格参数包括最大工件直径,最大工件模数,刀架最大垂直行程,最大加工螺旋角,刀架回转角最小读数,滚刀轴向移动量,滚刀主轴锥孔锥度,允许安装滚刀的最大直径及长度,滚刀可换心轴直径,滚刀中心距工作台面距离范围,滚刀中心与工作台中心距离范围,工作台面到外支架轴承端面的距离范围,工作台直径,工作台孔径,径向电机力矩及转速,滚刀主轴转速范围,轴向电机力矩及转速,主电机功率,机床净重,机床轮廓尺寸(长、宽、高)等,立式高速干切滚齿机床的机构简图如图7.3所示。

丛书编委会
EDITORIAL BOARD OF THE SERIES

序 一
FOREWORD

多年在旧金山和重庆的工作与生活，使我与山地城市结下了特别的缘分。这些美丽的山地城市，有着自身的迷人特色：依山而建的建筑，起起落落，错落有致；滨山起居的人群，爬坡上坎，聚聚散散；形形色色的交通，各有特点，别具一格。这些元素汇聚在一起，给山地城市带来了与平原城市不同的韵味。

但是作为一名工程师，在山地城市的工程建设中我又深感不易。特殊的地形地貌，使山地城市的生态系统特别敏感和脆弱，所有建设必须慎之又慎；另外，有限的土地资源受到许多制约，对土地和地形利用需要进行仔细的研究；还有一个挑战就是经济性，山地城市的工程技术措施同比平原城市更多，投资也会更大。在山地城市的各类工程中，交通基础设施的建设受到自然坡度、河道水文、地质条件等边界控制，其复杂性尤为突出。

我和我的团队一直对山地城市交通给予关注并持续实践；特别在以山城重庆为典型代表的中国中西部，我们一直关注如何在山地城市中打造最适合当地条件的交通基础设施。多年的实践经验提示我们，在山地城市交通系统设计中需要重视一些基础工作：一是综合性设计（或者叫总体设计）。多专业的综合协同、更高的格局、更开阔的视角和对未来发展的考虑，才能创作出经得起时间考验的作品。二是创新精神。制约条件越多，就越需要创新。不局限于工程技术，在文化、生态、美学、经济等方面都可以进行创新。三是要多学习，多总结。每个山地城市都有自身的显著特色，相互的交流沟通，不同的思考方式，已有的经验教训，可以使我们更好地建设山地城市。

基于这些考虑，我们对过去的工作进行了总结和提炼。其中的一个阶段性成果是2007年提出的重庆市《城市道路交通规划及路线设计规范》，这是一个法令性质的地方标准；本次出版的这套"山地城市交通创新实践丛书"，核心是我们对工程实践经验的总结。

丛书包括了总体设计、交通规划、快速路、跨江大桥和立交系统等多个方面，介绍了近二十年来我们设计或咨询的大部分重点工程项目，希望能够给各位建设者提供借鉴和参考。

　　工程是充满成就和遗憾的艺术。在总结的过程中，我们自身也在再反思和再总结，以做到持续提升。相信通过交流和学习，未来的山地城市将会拥有更多高品质和高质量的精品工程。

　　　　　　　　　　　　美国国家工程院院士
　　　　　　　　　　　　中国工程院外籍院士　邓文中
　　　　　林同棪国际工程咨询（中国）有限公司董事长
　　　　　　　　　　　　　　　　　2019 年 10 月

序 二
FOREWORD

山地城市由于地理环境的不同，形成了与平原城市迥然不同的城市形态，许多山地城市以其特殊的自然景观、历史底蕴、民俗文化和建筑风格而呈现出独特的魅力。然而，山地城市由于地形、地质复杂或者江河、沟壑的分割，严重制约了城市的发展，与平原城市相比，山地城市的基础设施建设面临着特殊的挑战。在山地城市基础设施建设中，如何保留城市原有的山地风貌，提升和完善城市功能，处理好人口与土地资源的矛盾，克服新旧基础设施改造与扩建的特殊困难，避免地质灾害，减小山地环境的压力，保护生态、彰显特色、保障安全和永续发展，都是必须高度重视的重要问题。

林同棪国际工程咨询（中国）有限公司扎根于巴蜀大地，其优秀的工程师群体大都生活、工作在著名的山地城市重庆，身临其境，对山地城市的发展有独到的感悟。毫无疑问，他们不仅是山地城市建设理论研究的先行者，也是山地城市规划设计实践的探索者。他们结合自己的工程实践，针对重点关键技术问题，对上述问题与挑战进行了深入的研究和思考，攻克了一系列技术难关，在山地城市可持续综合交通规划、山地城市快速路系统规划、山地城市交通设计、山地城市跨江大桥设计、山地城市立交群设计等方面取得了系统的理论与实践成果，并将成果应用于西南地区乃至全国山地城市建设与发展中，极大地丰富了山地城市规划与建设的理论，有力地推动了我国山地城市规划设计的发展，为世界山地城市建设的研究提供了成功的中国范例。

近年来，随着山地城市的快速发展，催生了山地城市交通规划与建设理论，"山地城市交通创新实践丛书"正是山地城市交通基础设施建设理论、技术和工程应用方面的总结。本丛书较为全面地反映了工程师们在工程设计中的先进理念、创新技术和典型案例；既总结成功的经验，也指出存在的问题和教训，其中大多数问题和教训是工程建成后工程师们的进一步思考，从而引导工程师们在反思中前行；既介绍创新理念与设计思考，也提供工程实例，将设计理论与工程实践紧密结合,既有学术性又有实用性。总之,丛书内容丰富、特色鲜明,表述深入浅出、通俗易懂,可为从事山地城市交通基础设施建设的设计、施工和管理的人员提供借鉴和参考。

中国工程院院士
重庆大学教授　周绪红

2019 年 10 月

前 言
PREFACE

　　快速的城市化改变了我们的生活，城市环境与交通正成为全社会最为关注的问题之一。作为城市规划设计工作者，处于热点位置，总想总结一点东西，一直不敢动笔，是因为交通问题太复杂且争论多。一般来讲，在城市交通领域里交通理论与研究的文章多、关注讨论多，实际解决问题的案例偏少。对于案例式总结交流，教授们不想搞，而工程师们不敢搞，毕竟功底有限、归纳提升不易。在此，我们将工作案例和总结提供给大家，做成设计总结系列，希望能为大家在面对未来交通挑战时提供一点"温故而知新"的启示，开拓更多思路。我们希望通过交通能改造城市、改变城市，更希望对将自己的城市改造成我们所希望的宜居城市有所贡献。

　　重庆作为山地城市，不仅有其独特的历史文化，也有像其他现代大都市一样的必须解决的问题。作为世界上典型的山地超大城市，进行它的交通规划设计，其压力与挑战更为直接和尖锐！对城市交通规划设计者而言，创建高效城市交通和宜居城市空间，是责任，更是挑战。应对这个挑战，总结我们在城市交通规划设计建设中的经验与教训，就是本书目的所在。

　　城市在拓展、在更新，交通技术在进步，城市交通空间随之发生巨大的变化。为实现人性化和资源集约的要求，我们在山地城市交通组织中追求三维和四维性特色；我们研究交通枢纽功能复合化、轨道新建带来的城市更新契机，突破城市传统职能模式的局限……这些，都是我们想总结的内容。

　　在未来的城市交通规划设计中，我们希望能更多关注生态环境，更综合全面地满足人们使用交通空间的各种各样的需求，让交通项目设计跳出传统套路，在山地城市交通设计中有更多思路、更多创新。

作为一名工程师，我已有三十多年的设计工作经历，主要工作、生活都在山城重庆。重庆是一座充满活力的立体山水园林城市，这里每天都有新的变化，都给我新的认知、新的感受。这里有一系列大型交通项目建成，让我们和城市同呼吸、共命运。在为重庆做市政交通设计与规划时，总感觉应做的和想做的东西很多。城镇化的急迫需求、快速机动化的焦急期盼、设计周期的短促，都给我们非常巨大的压力。回顾我们自己的设计作品，无不存在着拓展思考广度、加大思考深度的需要，这就要从更大的区域范围和更高的视角来整体性看待项目，而无论是生态、环保、节能，还是安全、可持续以及社会公平，都该有更深的思考。作为"林同棪国际"的一员，我非常荣幸能与这个城市交通规划设计、道桥和建筑景观设计的综合团队一起，主持和参加一系列重大市政工程项目，收获良多，教训更不少。不揣冒昧，我选择部分项目编入本书，记录自己的体会与思考，展示我们的得与失，希望对从事城市建设的同行有所助益，也希望得到同行、专家及读者的斧正。

特别感谢支持和帮助我出版此书的同事和朋友，感谢重庆大学出版社。感谢你们的鼓励、信任和支持！

蒋中贵

2016 年夏

目　录
CONTENTS

第1章 创新边界与思考

所谓创新，就是做之前未曾做过的事，"第一个去吃螃蟹"。

我们人类的所有进步，其根本的源头就是创新！无论成功还是失败，创新是人类之所以成为人类并进化到未来更强大人类的根本推动力。

我们每个有追求、有责任意识的人，都会去追求创新，这源于基因中隐含的密码，也源于后天责任心的督促。

科学研究是人类创新的最前沿。

设计师们站在创新的第二线，志在把理论变成现实。

设计师们的创新，有着设计方案必须成功投入建设和使用的责任，因此，不能完全像科学研究那样锐利，而必须立足于足够完备的知识储备，应对各种现有条件制约，而保证万无一失。

"必能实现"，是设计师创新的大前提，包括技术上的绝对可行，也包括经济上的允许。

所以，工程设计的创新，更像一种改良，其中有对更加美好生存环境的憧憬，更多是针对具体问题的改进与调整。"对更加美好生存环境的憧憬"，便是支撑创新的动力、激发创新的能量之源。项目要更加贴切地融入环境，要更加美妙地展现项目自身。对项目所处环境有着越全面的认识，对项目全寿命（从设计到使用的全过程）有着越深刻的思考，就越可能进入工程设计的创新之门。思考设计建设的流程，模拟人们使用的过程，乃至观察太阳东升西沉的光影变化，体会风雨冷暖的气候变迁……都能够触发设计的创新。

本书所涉及的创新经验支撑，大致有三个方面：

①本行业既有知识储备的个性化整理应用。这需要设计团队持之以恒地接收储备、分析整理本行业的技术信息与技术知识。

②其他行业知识的借用。这需要设计团队考虑各事物间的内在联系，从而有更加宽广的视野，乃至关注世界的变化与进步，从中汲取灵感并应用于设计实践。

③对大自然的学习借鉴。大自然中的存在，动辄上亿年，其合理性远远超出我们设计行业的标准，多可借鉴。这需要设计团队能行万里路，善观察、勤总结。

"葆赤子之心"，让我们永远保持一份创新的冲动与追求。

1.1 山地城市与交通

从城市形成那一天开始，交通系统就是其核心组成部分，它决定着整个城市的效率。交通系统的健康，促成城市的便捷流畅；它的混乱，让城市杂乱无章。无论城市由原发聚居而起，还是由要塞、厂矿而来，莫不如此。也有众多由交通本身触发形成的城市，交通更成为"城市之母"。

城市交通体系的状态直接体现和决定着城市活力与城市竞争力。

根据城市交通的服务区域，把它为分为有机联系的两个部分，即城市对内交通和城市对外交通。城市对内交通以综合路网活络城市经脉形成城市活力；城市对外交通则放射串联周边拓展城市影响力，它包括铁路运输、水路运输、公路运输、航空运输。

城市对内交通，随着城市的发展壮大，形成越来越复杂的路网，一条又一条的道路增加，一种又一种的道路类型变化。这个路网犹如人体的循环系统，连起犹如人体各器官的各个城市组团，支撑起整个城市的有效运转。城市发展的本质，就是土地利用关系的演变和拓展，这个演变与拓展的开路先锋，就是城市对内交通的道路路网系统。道路路网因城市的需要而生，今天，它越来越主动地引导着城市的发展，每一次城市较大规模的市政交通调整，都调动着相关联各个城市区块的交通模式与便利性，从而引导着城市不同功能在不同交通节点的积聚。古语"牵一发而动全身"，今天的道路交通调整，对于城市机能而言，正是如此。对于每一个大规模的市政交通工程，不得不注意它与城市的融合关系，关注它日益增强的对城市的扰动乃至重构功能。

城市对外交通，则总是选择有能力利用的选线展开对城市周边区域的连接，它直接影响到城市发展走向、城市布局形态、城市干道走向、城市环境以及城市景观。在 20 世纪中期及之前的山城重庆，道路建设困难、道路交通工具缺乏，水路运输主导了城市对外交通（至今它仍有着运费优势，也是很多城市形成和发展的先决条件），城市对外交通沿江地带对城市的总体规划布局产生举足轻重的作用，具体表现如下：

①工矿企业沿江布置并影响城市的其他相关组成部分的布局；

②车站码头等交通设施的位置影响到城市干道的走向，而新兴的对外交通（包括铁路运输、航空运输）又影响城市布局，产生新的发展走向。

城市交通对城市的影响主要体现在三个方面：

①城市区位：区位的可达性直接决定其优劣。

②城市布局指向性：即交通引导。不同的交通方式对城市发展的引导也不相同，直接影响着城市的布局形态。

③增值性的影响：城市土地增值性的影响因素中最显著的有轨道交通、高铁站和城市公共建筑。

城市的发展和城市交通的发展相互促进、相互作用，一方面，城市的发展需要交通的快速发展；另一方面，城市的发展也同样促进了城市交通的发展，带来了更加先进的交通工具。

山地城市的道路交通更加复杂。

山地城市，多山，陡峭坡势的坡度甚至超出"宜居标准"。因为有山，导致雨水的急剧汇流，所以可能紧接着就有河，而伴着河流生长出了城市。于是山地城市的特点由此而起：

①自然坡度大，道路建设的坡度标准有了单独的规范，同时开挖与挡墙护坡成为常态。

②能在地质年代中维持"山"的存在，凸显了总体地质结构的稳定性，往往有着良好的建设地基。

③虽然地质结构总体稳定，但局部有时甚至较大区域存在着滑坡危险，所以相应的抗滑技术措施成为常备武器。

④桥隧应用是常态，特别在交通设计中动辄要考虑桥隧边坡。

⑤因为有巨大的自然落差，排水设计有利、弊两极。利在因自然落差的存在使"内涝"问题可以轻松应对，重力排水更有条件因势利导；弊在排水往往必须考虑因势利导，坡降过急时还需要缓解冲刷的技术措施。

山地城市的城市设计，重点就在于针对其特点扬长避短，而作为城市设计有机组成部分的交通设计也是如此。

"山城夜景"特指山城重庆的夜色。山城夜景自古雅称"字水宵灯"，为清乾隆年间"巴渝十二景"之一。从这里出发，可寻求一些山地城市的特点，寻求对山地城市优势的发掘、劣势的规避之法。

山城夜景为何动人？试想，其一，在过去，可作为财富积累象征的高楼大厦十分稀有，而屏蔽了细节的夜间山城的点点灯火，使人恍如穿越到高楼林立的繁华都会，卓尔不群。其二，山城依江而起，江水中的倒影更增景观高度，荡漾的水波更添意趣。其三，随观赏者所处观赏点的高低变换，视角也变幻无穷，更增景色之奇妙。

城市之美是城市设计考虑的内容之一。现代城市设计是为了创造舒适、方便、卫生、优美的物质空间环境。交通设计也是如此。例如，交通工程中想尽办法控制土石方，固然是为了控制投资，但也是为了避免巨大的开挖面破坏生态与环境之美。

试着总结山地城市交通设计的特点如下：

①有效服务成为设计最大压力：这不同于平原城市，一条道路要有效地服务于沿线民众十分不易，需要在道路选线、具体区段结构形式、公交站点选择等问题上煞费苦心，让道路为更多的民众使用，且更方便地使用。

②路网组织难度巨大：山地地形导致道路选线建设困难，进而扩展出组网困难。这就需要对道路组网有更加特殊的设想与决策，需要更变通地应对城市路网密度要求，更灵活地考虑路网交通组织。

③坡度限制的放宽与运输组织分离设定：山地地形导致形成了独立的"山地规范"，放宽了坡度限制。这个放宽后的标准并不适用于全部运输车辆，而必须专门衡量一些特殊的交通运输。"大件路"并不是山地城市独有的，但这个概念对山城城市交通设计特别重要，必须为这些特殊的运输考虑。总的来说，山地城市道路的"通用性"是受到限制的，这需要对城市运输更深入的研究与分析。

④消防道等特殊道路功能衡量：道路是沿线建筑的重要消防扑救平台。若道路不能作为消防扑救平台，沿线建筑将不得不牺牲更多人力物力及空间资源去解决消防问题，事实上就是自我裁减了道路服务功能。道路要成为消防扑救平台需要满足很多条件，其中突出的就是坡度问题，这为整个道路选线、道路各区段的坡度设置带来更多压力。又如观景平台的功能：山地城市道路设计还需考虑合理拓展观景区段，同样为了不限缩道路功能，同时作为占据空间资源的一种回馈。

⑤视野与安全控制：坡度、弯道的视野控制必须加强，更需要从行车特点出发，衡量交通导示及红绿灯设置以及人行斑马线设置选位与形式的安全性。

⑥更加丰富地应用桥隧、边坡、挡墙、抗滑坡等措施手段：其应用不仅指这些工程措施的技术内容，审美的考量也是必要的。

总的来说，山地城市主要特征是多组团、立体城市加高密度开发，而滨江空间是最重要的城市空间形态以及城市设计中最关注的城市公共空间。如重庆"两江四岸"，被跨江大桥交通设施紧密连通。城市交通空间成为城市设计最重要的组成部分，需要更多、更新的城市规划设计和创新，其创新也应该更具特色和艺术性。

1.2　山地城市交通规划设计现状

第一，目前的总体规划设计流程不十分理想。对于山地城市，交通规划设计总显介入时间太晚。发挥交通对城市发展的引导作用，是城市发展中的一个关键问题，因此，专业的交通系统规划应该更早地在城市早期规划工作中参与，配合规划单位决策出更加适用的交通系统。长期以来传统城市规划设计以土地使用布局决定城市交通发生源和空间分布，交通预测对土地使用规划有很强的依附性，交通设施规划作为土地使用配套，为满足土地使用和城市发展需要而存在。交通规划设计曾经尝试在土地利用规划阶段提前进入，避免交通规划被动模式，但当前的阶段性设计分工阻碍着专业道路设计团队提前介入早期规划阶段，其尝试往往也停留在试点阶段。

第二，目前多以桥隧作为山地城市交通系统设计的控制要点。山地城市用地紧张，交通用地条件复杂艰险，交通建设成本高、环境影响大。桥隧结构是控制性工程，一旦建成，变动非常困难，这也成为建设规划的重点和难点。而作为对环境生态有着巨大影响的边坡处理也需要提高关注程度。

第三，交通预测技术尚有待突破与提高。山地城市具有多组团、立体城市和高密度开发的特点，如果城市又处于高速成长期，加之应用目前的交通预测技术所预测的交通量尚难以提供可信任的数据，规划阶段对未来发展也难以做出正确的判断。因此，建设超前规划、注重总体标准、忽略功能实现和运营管理的状况普遍存在。

第四，交通系统的综合复合性思考尚待加强。目前的交通系统规划仍显目标单一、规划价值模糊、内容比较片面、过程封闭，造成规划意图不能充分体现。

第五，专业道路规划设计团队需要更多地投入力量梳理、理解、审视交通规划，做好规划设计的交接棒。但目前仍存在较多问题，如多数设计单位任务多，缺乏专业的城市交通研究团队配合，项目参加人员复杂且项目经验不够，往往以根据规划为由，对前期规划不愿做进一步研究和核实，而交通规划和编制体系的内容和深度尚无明文规定。

第六，项目可行性研究往往流于形式，对环境和社会效益考虑不多，造成项目先天不足。

城市交通建设是一项决策性很强的系统工程。当前城市交通出现的问题，一个重要原因就是缺乏科学的整体交通战略、规划、设计，而后期的交通治理、弥补工作是事倍功半，投入不小、收益不大，给交通管理增加不少麻烦，也给市民带来许多不便。因此，交通系统的设计需要精益求精，从而能够为城市负责。

1.3 山地城市交通规划设计需求与未来

未来二十年，城市交通面临全新挑战。一是交通需求的持续快速增长；二是交通服务质量要求的不断提高；三是生态环保与宜居环境需求的日益增长；四是道路建设条件受城市空间和土地资源的限制越发严苛；五是交通建设的资金控制和建设速度的限制（从国家战略出发，必须落实资源节约、环境保护，实现城市紧凑发展）；六是要用交通的观点来研究城市布局和调整城市布局关系，要用交通来主动引导城市发展，要从实现交通需求管理的转变来应对环境、能源、资源的挑战，交通规划设计要从被动配套向主动引导转变；七是规划设计过程将更加社会化，规划会更加透明、公正、可实施，非政府组织力量在协调社会各阶层利益平衡会发挥更大作用。

山地城市的城市交通规划设计复杂多样决定了传统规划理想主义设计理念会发生改变，规划设计会更加立足于解决实际问题、立足于协调各种利益关系、立足于规划可以实施，会在规划中增加倡导性和实用规划内容。而山城重庆在原规划局的领导下，已在山地城市交通规划的适用性方面有了不少进展，《重庆市城市道路交通规划及路线设计规范》编写完成并实施，以适应城市用地布局，提高山地城市交通效率，便于规划落地。规划改变，已在路上。

城市交通规划设计的未来，源于对城市未来的想象。我们今天进行的城市更新，是在努力把一度如积木一样堆砌的城市调配成各种系统、单元交叉综合、联结渗透的有机协调的整体。这对交通空间规划设计提出了以下需求：

①舒适连接：交通空间要和沿途服务区域更加有效地联系。"有效"则意味必须改变"积木时代"各顾各的行动特色，不再把周边与道路的联系视为"他们的问题"，而是主动考虑这个问题。我们的道路空间仍然有道路红线的边界，但在设计上，必须跨过这个边界，更多地考虑与周边联系的问题，考虑如何方便地连接、如何控制道路带来的不良影响和安全问题。

②类型细分：即更加细致多层级的道路功能划分。例如现在已经在大量建设的快速高架路等，需拉长服务间距提升长距交通的效率。未来的交

通空间，需要更加细分交通运输模式，为每种交通寻求更加独立高效的线路与形式。

③高效组网：交通体系更加综合、整体，这和第二条是一体的两面，它强调在追求形式分离的同时又要考虑连接组合问题。例如近年，新加坡正在计划实施"百米公交"，它让每个居民走出居住小区在一百米内就能使用公交，并通过公交间的高效转换，更加方便快捷地达到交通目的。这也是我们未来会有的目标——一个更加方便、更加快捷、更加舒适的交通体系。

④美与人性：道路美学将越来越重要，道路的人性化需求越来越严格。这要求规划设计者需要更多学习美学知识，更多了解人们的心理需求，并应用于道路空间从整体到局部的设计；还需要更多地了解施工技术与施工现实，在设计中选择、应用能带来优美结果的施工技术与方法，甚至促进施工技术的优化。

⑤关注生态：需要更加关注道、桥、隧等工程的建造材料与施工方法，从建设的源头保证生态环保的正面价值。还要从生态的角度关注道、桥、隧的形式，减少对环境生态的影响，如设置生物通道、采用更加节能的灯具、控制照明时间、控制光污染，等等。这是一项可持续的、拥有光明前景的工程。

1.4　山地城市人性化设计与可持续挑战

人性化设计是当今人们在社会发展中的追求，是城市建设中最严格，也是最基本的要求，吻合着城市发展的目标。

城市交通公共空间设计最重要的是处理好人与城市中其他元素的融洽关系，人是中心，因此城市公共空间的"人性化"就显得非常重要。"人性化"强调"人"重于"物"，要求对人性及人的各种需求给予充分的理解和尊重，包括一切围绕使用空间的大众需求。

城市公共空间设计提到的"人本设计"，是"人性化"的一种表述方式。"人性化设计"即是把"人性化"这一理念始终贯穿在设计进程中的设计。山地城市市民交通出行相对困难，现实的城市建设中，"以人为本"更多地被停留在文字上，差距较大。设计者应从个人的经验主义中走出来，建立服务思想，以人性化的设计理念观察、体会，并在设计中充分设想使用者多种多样的使用方式，用富有创造性的人本语言来营造尊重使用对象、方便公众的交通空间，使城市交通空间"变成"花园"，直至变成"家园"。

当今世界均已接受将可持续发展作为一种发展目标和发展模式。城市交通规划设计中的可持续，包括考虑经济、社会、资源、环境等多方面，已逐步受到重视，但在规划设计实践中真正应用仍然相当有限。城市交通系统应该向什么方向发展，具备怎样的结构特征和功能特点才符合可持续发展原则，是大家非常关注的问题。从城市交通的属性可知，作为社会经济发展的基础和前提条件，城市交通发展本身并不是目的，人们生活的改善和城市环境的整体提升才是城市规划设计目标。因此，城市交通可持续发展应以支持和保证通过公共交通系统促进城市紧凑发展和节约土地资源，以合理的土地开发及城市可持续发展为目标，从而既能为社会各阶层提供安全、高效、舒适、选择性好、费用低的交通服务，又能最大限度地减少对环境的污染和破坏，真正提高人们的生活质量，最终形成经济、环境、交通相互作用的良性循环。

城市人口发展、土地利用与交通模式的相关关系研究表明：城市的发展演变是城市人口发展、土地利用与交通一体化的演变。交通发展应当有利于城市土地利用模式的合理化，土地开发应当有利于交通结构的合理化。山地城市紧缺的土地资源和高密度的人口决定了城市必须注重集约化内涵式发展，优先发展公共交通是山地城市可持续交通发展的关键战略。

最后，需要解析与注意的是：真正的可持续，必然是生态的，可以说"生态＝可持续"。而"以人为本"相对局限很多，应该局限在人类"完全独立使用"的空间范畴，因为，"以人为本"这个概念一旦扩大应用范围，将和"生态"相冲突。生态需要的是整个系统的平衡，在这个系统中，人类与任何其他生物必须是和谐共存的。所以，我们认可这样一个"公式"："生态＝可持续≫以人为本"。

第2章　山地城市空间特色与魅力

2.1　历史与传承——创新基因

  山地城市交通空间和形式的创新在重庆有着历史和传统。如民国时期，重庆大家云集，创造了山地建筑和山地交通设计的传奇。在重庆立体的山水之间设计建设城市交通是困难的，但其特色也使其更加神奇和美丽。

  索道与缆车曾是重庆特色交通的代表。1982年1月重庆建成嘉陵江索道，这是中国的第一条城市跨江客运索道；1987年10月重庆再建成长江索道。这两条过江索道带来了重庆独有的城市交通景观文化。1984年10月建成朝天门缆车，连接码头与城市高地。

  过江索道往返于两岸楼群，穿梭于两江之上，不仅是连接两岸的"空中公共汽车"，更是具有旅游观光价值的"跨江游乐观光车"。它让乘客御风而行，在惊喜刺激中缓缓欣赏山环水抱的自然美景，提供观赏山城市景的绝好方式。白天乘坐两江索道，可远眺重山叠嶂、近观两江汇合之壮观景色，而夜晚乘坐，流光溢彩的洪崖洞吊

图2.1　重庆长江索道（罗大万 摄）

9

脚楼群、灯火辉煌的朝天门码头、彩灯闪烁的滨江路等，错落有致的山城夜景都尽收眼底。两江索道曾是好多重庆人童年的回忆，而今更为海内外游客所津津乐道。

可以说正是重庆山地城市交通名片极具特色和魅力，使重庆以美丽的"山城"闻名于世。

图 2.2　朝天门两江交汇（罗大万　摄）

2.2　重庆菜园坝长江大桥——桥都最美

重庆城的独特地理环境使得城市建设中遇到的一些问题在全世界没有先例。在解决城市交通问题时，如何克服地形环境压力、发掘山城特色与魅力、创造动人的城市空间形象，这在重庆从未停止尝试。如重庆菜园坝长江大桥设计中，从理念、总体交通方案到工程具体设计技术方案的创新努力，不管是做到的，还是想做的，都值得一提。

2.2.1　项目概况

重庆菜园坝长江大桥是重庆主城区最重要市政工程项目之一，它是重庆交通主骨架重构的第一次大的尝试。项目包括主桥、引桥、苏家坝立交（南）和菜园坝立交（北）改造，工程投资 15 亿元人民币。菜园坝长江大桥为公轨（公路交通、轨道交通）两用特大桥，主桥上层桥面设双向 6 车道和双侧 2.5 m 人行道，下层桥面为双线城市轻轨。

主桥设计中，主跨采用 420 m 一跨过江的组合式刚构 - 系杆拱桥结构体系，为世界首创结构体系，由邓文中院士亲自主持设计。该设计巧妙地将"钢"与"混凝土"建筑主材进行组合提高了材料使用效率，又将预应力混凝土刚构与钢箱系杆拱组合提高了结构跨越能力，再将正交异性板与钢桁架梁组合共同承受交通荷载。这一组合式

图 2.3　菜园坝长江大桥（一）

图 2.4　菜园坝长江大桥（二）

拱桥结构体系，使安全、经济、美观这三个看似矛盾的理想追求得到了自然、同步、合一性的实现。

2.2.2　项目挑战

该项目挑战众多，主要有：地形高差大，海拔从江边 170 m 上升到两路口处250 m；大交通系统复杂；规划设计要组织轨道与两路口和南区路的多层道路交通；为城市更新项目，拆迁大影响大，社会矛盾突出；菜园坝侧，原规划基本无预留城市交通用地；距重庆菜园坝火车站非常近，新交通系统要求不能对其原有交通组织有较大影响和冲击，并尽量考虑改善与提升；主桥两端距隧道近但要求实现交通转换而设置立交；江中洪水变幅从枯水位到百年一遇洪水位，落差达 35 m；主桥通航净空论证要求主跨大于 420 m，为公轨两用特大桥；公轨两用特大桥无设计规范与标准可参考；造价要与国内其他同类桥相比有竞争力。

2.2.3　主桥创新理念

菜园坝长江大桥主桥设计坚持效率是美的设计理念，结合国情采用材料与结构组合技术，组合式桁架钢梁大节段设计、制造、运输、吊安技术，分离式系杆-主动控制，这三大关键技术，创造性设计了组合式公轨两用刚构-系杆拱特大桥梁体系，为我国桥梁结构创新提供了新的选择。在 420 m 主拱中间创造性地采用 320 m 钢箱梁有效地解决了主拱推力过大的问题。大桥结构建筑造型简洁、刚柔共举，与桥位的自然环境、建筑环境相和为一。

项目在特大公轨两用无推力系杆拱桥施工控制，公轨两用正交异性桥面钢桁梁整体节段的制造工艺，桁梁整体节段运输及工地拼接工艺技术，提篮钢箱主拱施工工艺，钢绞线系杆施工、防腐、换索工艺，重力吊装体系等方面取得了多项创新成果，形成了特大公轨两用无推力系杆拱桥的制造及施工综合技术。该项目更新了同类桥梁构造设计理念与技术，拓展了拱桥设计内涵，在中国桥梁工程中具有里程碑意义。

2.2.4　关键技术创新

①组合式预应力混凝土 Y 型刚构-钢箱系杆拱拱式桥梁结构体系。
②组合式公轨交通正交异性板-钢桁架梁梁体结构体系。
③组合式公轨交通正交异性板-钢桁架梁的节段化设计、节段化运输、节段化施工的工业化技术。
④中跨-边跨分离系杆体系与刚构-系杆拱主体结构主动控制技术。

图 2.5　菜园坝长江大桥（三）

2.2.5 城市交通空间创新

菜园坝长江大桥有着优美的主拱弧线、飘逸的结构动势和橘红的绚丽色彩，像划过江面的一道美丽彩虹，给人以美的感受。Y 型刚构、钢桁主梁、钢箱拱肋三个子结构衔接流畅，传力明确，去掉了桥面上下多余的构件，无论从哪个视角，都能感受到透空和开放。主桥美轮美奂的灯光点缀，也是山城夜景的亮点。

大桥在城市中心两路口上、下地区建立了新的道路交通体系，总体交通组织功能完善，最大程度减少了对菜园坝火车站广场的影响，对改善城市交通有极其重要的作用。

连接南岸的苏家坝立交地处沟谷斜坡地带，匝道布置采用对称的蝶形螺旋匝道。大桥与海铜路有近 30 m 的高差，立交曲线半径小，桥梁结构设计复杂，最大墩高达70 m，是国内罕见的高墩匝道桥，具有重庆特色和气魄。

2.2.6 评估与总结

菜园坝长江大桥交通大系统解决方案还不够彻底，原两路口侧道路主线穿过山城大剧院后的养花溪这一方案未作进一步研究，该方案具有价值；2016 年开工建设的十号线曾家岩桥地下道路系统方案是对其补充。

连接两路口的出线对两路口地区冲击较大，其得失有争论。

图 2.6　菜园坝长江大桥夜景

引桥部分在江中的桥墩较多，对防洪能力、景观效果和城市形象有一些影响。若原主桥墩悬挑作为匝道桥支点可减少江中匝道桥桥墩，或引桥做成预应力混凝土桁架加大引桥跨度来减少江中匝道桥桥墩。由于技术和设计时间关系未能调整，感到遗憾。

原设计考虑将菜园坝立交北侧两路口王家坡一带统一整治，打造成多层台阶式空中花园，外加两路口的城市阳台，由于方案调整和投资原因，未能实现；原设计将菜园坝立交中已包围的外滩商场部分撤除，改造成屋面花园且下层停车，未能实现，也是美中不足之处。

获得的荣誉：

重庆菜园坝长江大桥工程荣获第九届中国土木工程詹天佑奖，2008 年度全国优秀工程勘察设计奖铜奖，2008 年度重庆市优秀工程设计奖一等奖。

2015 年，菜园坝长江大桥入选重庆十大最美桥梁。

2.3 泸州沱江一桥——凤凰涅槃

2.3.1 项目背景

泸州沱江一桥是泸州市第一座跨沱江桥，建于 20 世纪 60 年代，位于泸州市中心。桥面道路宽度为净 7 m+2×1.5 m=10 m，双向 2 车道，桥梁荷载标准为汽—15。随着城市扩容，泸州市要建立和升级新的南北向城市主干道入城系统，泸州沱江一桥是关键性控制性节点工程。老桥存在 50 年以上历史，是对其保护利用还是升级改造，是"拆"还是"改"，如何处置非常困难。这也是整个泸州市非常关心的问题。规划泸州沱江一桥新桥（复线桥）通道在老桥位置，为标准双向 4 车道城市快速路，工程设计起点于江阳北路交叉口附近，终点在回龙湾转盘。

2.3.2 项目建设条件

沱江一桥是泸州市内南北向主要干道上的桥梁，北接回龙湾，南接江阳北路，其上游 1 km 左右是沱江二桥，下游靠近沱江汇入口，它是连接泸州中心城区和龙马潭区的重要通道。拟建沱江一桥复线桥紧邻沱江一桥。

①拟建桥梁为特大桥，工程重要性等级为一级，场地等级为二级，地基等级为二级，岩土工程勘察等级为甲级。

②桥址区基底稳定，岸坡处于稳定状态，无威胁性不良地质作用，宜于建桥。

③沱江历史最高洪水位 241.60 m（1966 年），多年平均洪水位 230.40 m，平均

冲刷深度 2.50 m，最大冲刷深度 4.50 m。

　　④沱江水及地下水对混凝土不具腐蚀性，桥址区岩土对混凝土不具腐蚀性。

　　⑤拟建桥梁墩、台基础形式建议采用钻孔（回转）灌注桩基础，以弱风化-微风化基岩作桩端持力层。

　　⑥建桥所需的天然建筑材料应予以查明，需正确开采使用。

图 2.7　老沱江一桥

图 2.8　建设中的沱江一桥复线桥

图 2.9　沱江一桥复线桥

图 2.10　沱江一桥车行视角

　　⑦桥址区基本地震烈度为 6 度，设计基本地震加速度为 0.05 g，设计地震分组为第一组，建议桥梁按 7 度抗震烈度设防。东岸建筑场地卓越周期为 0.25 s，等效剪切波速为 276 m/s，属Ⅱ类建筑场地；西岸建筑场地卓越周期为 0.29 s，等效剪切波速为 239 m/s，属Ⅱ类建筑场地；河槽属岩质河床，为Ⅰ类建筑场地。桥址区内的饱和砂土多呈薄层状或透镜体状，可不考虑其液化影响。

2.3.3　项目挑战

　　城市道路的改造与更新，需要全面系统研究泸州的大交通系统，这是业主未明示的但对项目成功非常重要的事情。那么在桥梁设计之外，还做不做交通规划研究？

　　如何利用老桥：根据老桥质量好的特点，应该利用，同时可以节约工程造价。

该如何利用和改造老桥（是否只用桥墩）；要考虑如何评估老桥安全性和防洪标准的问题（根据新建快速路防洪标准它不满足要求）。对以上问题如何看待及如何与专家、主管部门沟通都有待落实。

施工中城市两岸交通如何组织，如何减少施工对城市交通的影响，主干道建成后原滨江路交通服务系统如何组织人流和车流，也是必须考虑清楚的。

2.3.4　设计理念

在传承文化、保留城市记忆的前提下，分离城市交通新功能，将新桥与老桥形式统一与融合。建立特色与魅力并现的双层交通系统，保留和改善城市滨水空间。桥梁结构与技术都有新时代特色。

1）桥跨布置

主桥结构形式为 90 m+135 m+90 m 的连续刚构桥。桥跨布置采用 40 m+41 m+40 m+90 m+135 m+90 m+33 m+2×35 m+36 m 等截面连续梁 + 连续刚构 + 等截面连续梁，桥梁全长 582.1 m。横断面布置采用双幅桥结构，两幅桥距离 8.5 m。主桥单幅桥桥宽采用 10 m，主桥横向布置为 2.0 m（人行道）+7.5 m（车行道）+0.5 m（防撞栏），设计车道数为双向 4 车道。

2）桥墩及基础

桥墩采用的是 1.5 m×1.8 m 的矩形截面，基础采用的是承台接单桩的形式，承台尺寸为 3.0 m×3.0 m、高 2.0 m，桩基直径为 2.0 m，采用人工挖孔桩。A0 桥台采用轻型桥台，下接两根直径为 1.5 m 的人工挖孔桩。

主桥主墩为空心薄壁墩，顺桥向壁厚 0.7 m，横桥向壁厚 0.8 m。P4 墩墩高为 24.4 m，P5 墩墩高为 24.4 m，交界墩采用的是 2.5 m×4.0 m 的矩形截面，长边侧抠槽处理，P3 墩墩高为 22 m，P6 墩墩高为 22.2 m。

3）主梁一般构造

主梁采用单箱单室变截面混凝土箱梁，箱梁顶板宽度为 10.0 m，底板宽度为 4.0 m。箱梁跨中及边跨现浇梁段高为 3.0 m，墩与箱梁相接的根部断面为 9.5 m，其间箱高按二次抛物线变化，全桥节段浇筑共分为 0—16 号节段，从箱梁根部到 3 号梁段腹板厚 80 cm，5 号梁段到 9 号梁段腹板厚 65 cm，11 号梁段到 15 号梁段以及合拢段腹板厚均为 50 cm。两幅桥 0 号块之间，各设 1.25 m 宽、2.0 m 高横梁两根，上面浇筑 15 cm 厚混凝土板，用做花台。第 1—9 节段梁临江一侧腹板外侧做拱形凹槽，留做后期装饰。

2.3.5　创新设计与技术特点

沱江一桥新桥与老桥同桥位，保留老桥，传承历史文化，保留乡土记忆。新桥采用梁桥，工程造价低，施工方便，但必须与老桥形式一致。

新桥改扩建工程采用连续梁＋连续刚构＋连续梁组合结构形式，分为左右两幅，骑跨在老桥上，修建于沱江一桥的两侧。新老桥采用不同防洪标准，利用新桥高于老桥的特点，做成两层不同标高和不同平面桥，为泸州山地城市构建两层不同标高交通体系。

改造老桥为其减负，取消老桥两边 1.5 m 悬挑。施工时用老桥做施工便道，施工结束后，通过老桥改建与滨江路相接，形成城市休闲空间和城市慢行交通体系。

2.3.6　评估与总结

功能上老桥对新桥施工贡献大，加快了工程进度。后期使用与原人行系统衔接较好，与预期设想一致，领导和市民均满意。积累了在老桥边修建新桥的工程经验，开创了不同时期桥梁采用不同防洪标准的先例。

沱江一桥新桥是泸州市内主要干道上的桥梁，在城市主干道改快速路过程中，对城市冲击较大，新桥接线研究范围太小，与城市形态综合考虑前瞻性不够，可以在花费增加不大的情况下更大范围地改变城市面貌。

获得的荣誉：

泸州沱江一桥复线桥工程荣获 2012 年度重庆市优秀工程设计奖二等奖。

2.4　重庆轨道交通 9 号线重庆天地站

2.4.1　项目背景与概况

重庆轨道交通 9 号线在渝中区北侧重庆天地附近跨嘉陵江。由于技术原因，原桥位规划在嘉华嘉陵江大桥下游落地困难，改从嘉华大桥上游通过。为协调用地矛盾，规划设计方案由大桥通航标高控制，轨道车站进入重庆天地裙楼 6 楼，与重庆天地地产项目合建，轨道站作为 9 号线先期实施工程。将轨道站设在商业建筑内，完成了地面 6 层高架车站设计，这在全国为首例。重庆天地轨道站规划设计创造了山地特色交通地标性建筑。

2.4.2　项目挑战

①规划控制研究不充分造成原预留桥位技术不可行，改变桥位产生用地矛盾且协调困难。开发商原建筑规划设计已完成，不愿调整；政府要求调整，开发商开价颇高。
②桥头轨道设站技术困难，轨道人流交通组织困难；桥头轨道设站对城市的服务

功能较弱，对城市发展的带动较弱，轨道交通自身客源也受影响，经济性不高。

2.4.3　设计理念

车站站位符合重庆市轨道交通网络规划和城市总体规划的要求，应与城市总体规划和车站所在地区的城市规划相互协调，因地制宜并最大限度地吸引客流。同时，注重城市轨道交通建设与周边经济发展的互动效应，为可持续发展创造条件。

车站是旅客集散和乘降的场所，也是城市空间的重要组成部分。设计应满足线路设计要求，重视轨道交通网络间的衔接，为乘客提供 9 号线与其他线路及地面交通之间最直接、最安全、最方便的换乘。安全、舒适、高效始终是轨道交通服务的宗旨，以人为本是车站设计的原则。车站出入口应设置在客流量大并且便于乘客进出站的地方，使其能最大限度地吸引客流；地铁空间应具有明确合理的功能及导引性，为乘客提供良好的内部和外部环境，保证客流的有序流动。

车站地面站房、出入口以及风亭均需结合站前广场或绿化进行规划，其地面部分的立面设计要做到简洁、明快、大方，易于识别，并应体现现代交通建筑的特点和时代的气息，同时还应与周围的城市景观相协调。

地铁车站设计应充分利用地上、地下空间综合开发，尽可能地考虑与地下过街道、地下商场、物业开发建筑等进行结合或连接等方式，整合城市资源，最大限度地释放地铁的辐射力，满足区域客流的使用需要。

2.4.4　创新设计与技术特点

①本站为全国最高地铁车站，设计难度、技术难度高，用地条件差，是在有限的空间里充分利用土地，进行"无限"的设计。

②融入了模块化设计理念，降低造价，节约成本，带来长久的经济效益。

③人性化设计：舒心的环境，贴心的服务，放心地使用。

④创造性拓展：提议将化龙桥站形成空中连廊系统与大坪商圈连接，带动两个区域经济共同发展，增大经济效益和社会效益。

2.4.5　成果展示与评估

①该项目实现了与瑞安重庆天地地产项目开发的完美结合，增加了商业价值；瑞安集团愿出资修建轨道站，节约了轨道投资。

②在居民出行方面，为公交优先提供条件，有特色，更人性。

③用设计成功化解了因规划产生的政府、业主、开发商等各方面矛盾。

图 2.11　重庆天地（轨道站附近）效果图

图 2.12　轨道 9 号线重庆天地站外景全景效果图

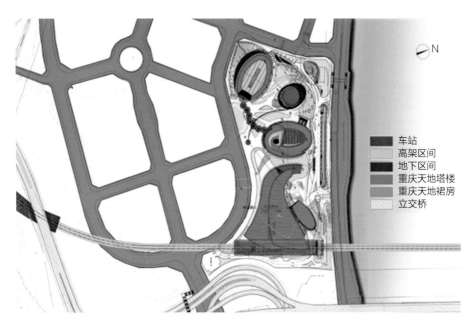

图 2.13　轨道 9 号线重庆天地站平面布置图

第3章　创新与政策支持

技术创新是我们每个设计者的习惯与追求。在社会大环境中的技术创新离不开社会的需求，而社会的需求即是作为使用者、观赏者的需求。创新过程涉及社会的诸多因素，文化、政策、机制都有必要为技术创新的顺利发展提供条件和保证。创新成果的不确定性使其应用后果表现出多重的可能性，我们需要赞许技术创新对于"造福人类"的原发追求，同时共同担当忧患与责任。因此，创新不只是技术问题，在创新实践中，建立市场化的创新制度和政策保证是非常关键的，如果没有法律、法规、制度保证和政策支持，不管是前沿高精尖技术，还是有巨大社会价值的新产品、新组织管理模式，都难以获得成功，这是值得关注的问题。

3.1　重庆江北城地下道路系统综合管沟

3.1.1　项目背景与概况

江北城地处重庆主城江北区（江北嘴）长江与嘉陵江交汇处，是国家级新区两江新区的核心与龙头。江北城中央商务区（CBD）定位为重庆市中央商务区的商务核心区。

江北城项目一期建设面积 2.3 km²，项目要求高标准规划设计建设，采用城市整体开发模式，通过国际、国内招标完成规划设计。整个项目将集中建设办公写字楼等金融商贸设施和一系列市级大型公益文化设施，兼容商业、服务业、居住等多种功能。江北城规划用地规模 226 hm²，总开发体量约 650 万 m²，分为"记忆之城"和"未来之城"两部分。"记忆之城"位于江北城东南侧，其延续古城格局与肌理，保留古迹与历史遗存，以混合使用为主要功能；"未来之城"

图 3.1　江北城半岛平面布置图

位于江北城西北侧，其充分体现了土地使用高效率，体现了现代商务办公区集约高效的形态特征。

3.1.2　项目建设条件

江北城行政区划上属重庆市江北区管辖，位于重庆市东北方向两江交汇处，与渝中区隔江相望，西距江北区中心地带和观音桥地区约 3 km。重庆江北城地下道路系统综合管沟项目位于原江北城旧城，东临长江，南濒嘉陵江，西接黄花园大桥北引道，北有朝天门长江大桥，交通十分方便。

拟建道路场地属河谷丘陵地貌，沿线地形起伏变化不大，以浅丘地形为主，临江边地形变化较大。形态景观以"丘"为主，砂岩硬，多成丘，泥岩软，多成洼地或宽缓谷地，地形起伏较小。嘉陵江河流流向由西至东，长江河流流向由南至北。丘包与沟槽相间排列，丘陵间纵横冲沟较为发育，局部为丘间坦坝。地形严格受地质构造控制，整个场地北高南低、东高西低。

拟建地下道路系统位于开发容量高的"未来之城"内，环线隧道位于黄花园大桥北引线以东、江溉路以西、江北城立交和江州立交以南、金沙路以北，出入口连接线北接江北城立交和江州立交的C4路，西接五简支路。地下环线隧道下穿江北城西大街、汇川路、精学街、聚贤街等城市道路，分别与A01~A08、A10、A12、A13、A16等地块车库直接相接。

工程周边地块主要为商业用地，多数已开发，于2013—2014年可分批投入运营。由于工程开工较晚，沿线地块商业开发及运营对工程有较大影响。

3.1.3 项目挑战

①交通设计进入后，研究的第一个问题是"对于城市交通什么样的标准是高标准"。如何用高标准打造市政设施和交通设计是面临的主要挑战；江北城半岛地形造成的口袋状交通和沿江高差大的问题是面临的第二个挑战。

②在江北城控制性详细规划中，"未来之城"的开发密度将很高（大部分地块的容积率为9~13）。高密度的开发势必产生很大的车流量和停车需求。由于地面建筑密度较大，停车需求需要通过地下停车库来解决，交通出入服务水平更受考验。

③道路管线维护开挖带来的道路问题、市政设施落后的问题都是项目面临的挑战。另外，将来如何运营管理是项目设计要思考的问题。

3.1.4 创新设计与技术特点

①根据半岛交通出行特点，设立地下道路系统，其将与地面道路配合，缓解地面交通的压力；同时地下道路系统为地下停车库提供了通往江北城外围道路的直接通道，方便了地下空间的使用。

规划的地下道路系统在充分考虑整个江北城的地形条件和各地块的规划发展密度的基础上，选定有地形条件和建设需要的区域进行了地下道路系统的工程可行性研究，并提出了概念性控制方案。推荐的地下道路系统位于江北城"未来之城"部分，其服务范围除了"未来之城"的高密度商务楼外，还包括中央公园的地下停车库。地下道路总长约2.2 km，道路横断面基本采用2车道布置。

地下道路系统主线全长1 550 m，进出口连接线全长698 m。主线部分隧道为单向2车道，另设置2 m宽的紧急停车带，进出口连接线采用双向2车道设置。轨道6号线和9号线将穿越江北城。此次规划的地面道路在高程上位于轨道隧道之上，地下道路和轨道有南、北两处交叉。江北城进出通道较少，通道流量非常集中，过江设施尤其是黄花园大桥负担较重且趋于饱和。本工程创新设计地下道路系统对分流江北城

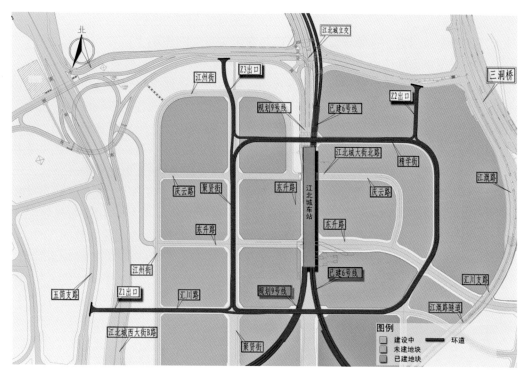

图 3.2 江北城地下环道布置与地块关系图

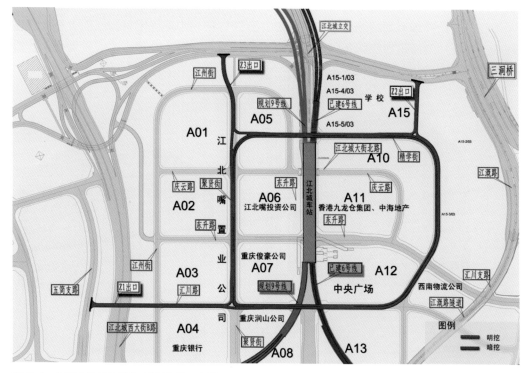

图 3.3 江北城地下环道建设模式示意图

地面道路的交通压力、保障正常交通环境具有至关重要的作用。

主线采用单循环道路，如图 3.2 所示的红色环道。环道位于地面道路下 8~27 m，走向沿聚贤街、汇川路、精学街单向循环。在周边主要道路上设置双向出入口匝道，与地面路网相连；在地下主要停车库设置双向连接道路，实现各个区块的地下连通。出入口的设置需要保证周边主要道路的车流能够方便快捷地进出地下道路系统，达到分流地面交通的目的，同时需考虑方案所在区域道路等级、高程、路网情况，以及各区块连接地下道路的可能性。项目可行性研究涉及在江北城地下形成单循环系统，所有经由出入口进入地下系统的车辆将沿环道单向运行,这有利于车流组织的稳定有序。根据《重庆江北城控制性详细规划（2008 年）》的配建停车指标，江北城规划配建车位总数为 25 526 个，本方案预测可连接地下车位 12 885 个，占配建总数的 51%。

②江北城商务中心区内主要路段除排水以外的所有市政管线均拟采用"综合管沟"形式的下地敷设技术。这在重庆属首创，在全国也处于领先地位。综合管沟又称为"管线共同沟"。按照综合管沟分类的常用规则，综合管沟分为"干沟""支沟""缆沟"等层次。作为城市一个区域的江北城，其综合管沟均属城市综合管沟支线及其以下等级。但本工程从区位与功能角度考虑，仍将其分为区内"主线""支线"两个层次。综合管沟主线、支线是这一系统的骨干部分，形成区内管线的主骨架。通过这一主骨架建立一个连接外界、服务片区、方便管理的管线敷设通道。提高城市管道系统的运行安全性以及管道系统的防灾抗灾能力，将为提高城市管理水平打下基础。

在控制性详细规划的基础上，科学预测管线容量，合理确定管沟断面大小及埋设深度。在设计能满足功能的条件下，选择经济合理的方案，并适当留有发展余地，避免工程投资浪费和重复建设。

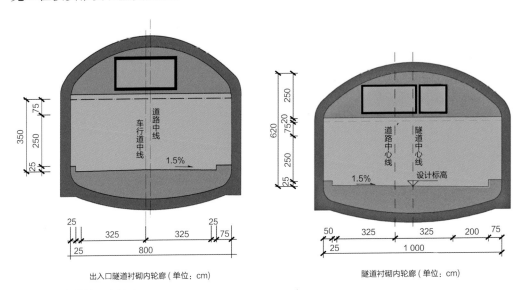

出入口隧道衬砌内轮廓（单位：cm）　　　隧道衬砌内轮廓（单位：cm）

图 3.4　隧道衬砌内轮廓

3.1.5　评估与总结

1）项目成果评估

①采用轨道交通与公交优先、智慧交通与地下空间开发及综合利用的设计思路，具有创新性和先进性。

②采用综合管沟设计，为重庆首次。在目前全国总体处于探索阶段的情况下，通过综合管沟可行性研究，提升了重庆对综合管沟法律法规及管理建设的认识水平，坚定了重庆市政府在江北城全面实施综合管沟的决心。

③重庆江北嘴 CBD 道路及综合管线工程可研工作具有相当的挑战性，而如何建设重庆 CBD 本身就是一道难题。本项目针对重庆 CBD 高密度、大容量并发的特点，从区域经济定位和规划定位出发，应用交通决定城市发展和公交优先、可持续发展的思想，以交通需求预测和分析为基础，采用国外 CBD 先进交通工程设计理念，对重庆江北嘴 CBD 的道路方案可行性做了深入研究，提出了公交为主，单循环组织 CBD 交通方案，并对 CBD 对外交通转换作了重点研究。但项目推动的时间与项目切入契机的把握上还有审视的空间。

2）项目总结

江北城地下道路工程由于投资原因，业主没有下决心在地区开发项目前实施或同步实施，带来暂缓实施的现状。等企业入住后交通问题逐渐突出时再实施，彼时实施技术将难度巨大，经济上不知是否还有价值。

综合管沟设计完成，由于政策不配套支持且与各个主管部门协调多次未果，项目最终未实施，非常遗憾。在国内逐步推广综合管沟设计理念的形势下，我们提供的技术是先进的。

图 3.5　江北城半岛效果图

3.2 重庆解放碑地下人行干道系统

在山地超大城市的中心地区，各种交通系统和需求关系非常复杂，没有固定模式和绝对正确的选择。重庆市解放碑地区地下空间综合利用研究，就是这样一个交通建设项目。

3.2.1 项目概况

渝中区是重庆市政治、经济、文化以及商贸流通中心。其地处长江、嘉陵江交汇地带，东、南、北三面环水由两江环抱，西面通陆，该区域为东西向狭长半岛，又名渝中半岛。渝中区是重庆市的水陆客运交通枢纽：铁路重庆站（菜园坝站）是渝蓉、渝黔、襄渝 3 条铁路干线的交会点；朝天门港口是长江上游最大的客运港口；跨江大桥有东水门大桥、千厮门大桥、黄花园大桥、石板坡长江大桥及复线桥、菜园坝大桥、牛角沱大桥、渝澳大桥、嘉华大桥等；隧道有向阳隧道、八一隧道、石黄隧道等；轨道交通 1 号线、2 号线、3 号线、6 号线等线路都经过渝中区。

渝中区为重庆母城，半岛中心区面积不足 10 km²，它是成熟城区，其发展充满新挑战。应原重庆市规划局委托，本项目重点研究渝中半岛地下空间使用问题，总体目标采用市政府对解放碑 CBD "重点发展商贸、适度发展商务、突出城市中心"的规划目标定位。

3.2.2 项目挑战

原重庆市规划局要求研究渝中半岛地下空间使用与地下车库连通，解决 CBD 区域车库众多且车辆出入街道影响地面交通的问题。在此基础上，是否需要从更客观的角度来研究解放碑地区社会发展和交通问题？解放碑 CBD 终级交通解决方案到底是什么？未来解放碑 CBD 交通应该是什么样的？山地高密度城市核心区国内外有没有成功的交通解决案例？市民对中心区未来期盼是什么？主要环境控制条件是什么？有没有可供参考的东西？我们是否有更有价值的东西提供给政府，供其决策参考？

3.2.3 方案总体构思

从改善解放碑 CBD 交通入手，以提升城市综合竞争力出发，以地下空间综合开发利用为重点，以资源环境控制论支撑为研究方向，充分综合利用地下空间，改善和

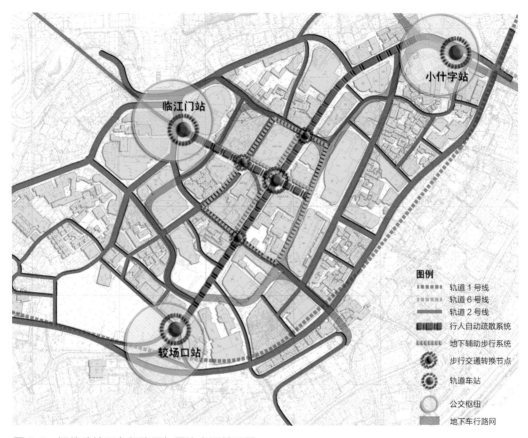

图例
　┅┅┅　轨道 1 号线
　┅┅┅　轨道 6 号线
　━━━　轨道 2 号线
　▮▮▮▮　行人自动疏散系统
　┄┄┄　地下辅助步行系统
　◉　　步行交通转换节点
　◉　　轨道车站
　◯　　公交枢纽
　▮　　地下车行路网

图 3.6　解放碑地下车行路网与周边交通关系图

优化解放碑的现状，并考虑解放碑未来城市升级改造和更新，提出了解放碑 CBD 地区地下人行空间规划构想，用地下快速交通系统将解放碑各商业网点与周边公交站点快速连通。围绕研究问题，组织了交通、道路、轨道、城市规划、建筑、市政工程等多专业讨论，提出规划控制构想如下：

以轨道交通为主的城市公交系统是唯一和必然的选择，人行交通系统是重中之重，地下道路系统可以考虑，但不能解决根本问题。

①构建地下行人快速自动输送系统，强化小什字、临江门、较场口三个轨道枢纽站和解放碑 CBD 重要商厦之间的行人交通转换。

②构建地下车行道路系统，车辆由地上和地下道路共同进出 CBD 地下停车库，改善地面交通情况，公交及出租车仍在地面道路行驶。

③构建地下辅助步行系统，形成地下商业街，并通过与地面商业步行街的协调，更大发挥 CBD 商业集聚效应。

3.2.4 规划设计理念及特点

（1）强调公交优先可持续发展战略，理清城市与人车优先关系

（2）建立地下人行快速步行系统，完成轨道交通枢纽构想

轨道交通将成为解放碑与外界联系的最便捷最快速的交通方式，解放碑 CBD 将会形成小什字、临江门、较场口的金三角覆盖面。轨道交通站点距解放碑中心还有较远距离，为了更加便捷、快速地与 CBD 各商业网点连通，同时提高步行的舒适性，减小严寒酷暑对步行的影响，设置了行人自动疏散系统及快速步行道。地下中心区完整的地下步行系统将大大缓解目前地面的人流通行压力。

（3）地下道路网络及与地下车库联系构想

充分利用解放碑 CBD 地下空间高差关系，规划环形地下道路网络。环形路网在三个方向与外围道路相接：北接临江路，西接东水门、千厮门下穿隧道，南接凯旋路。同时，根据高差关系，组织除公交车、出租车外的所有车辆直接与各主要商厦地下车库相连。

交通组织采用环路，逆时针单循环或双向交通，环路与外围道路连接道。

地下道路等级标准采用环路单向 2 车道，宽 7.5 m，设计车速 20 km/h。

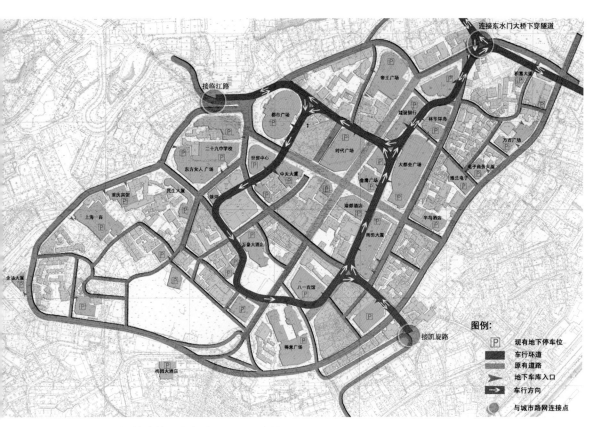

图 3.7　解放碑地下车行路网平面示意图

3.2.5 总结与期望

虽然方案理念被主管部门肯定，但由于前期解放碑地区地下商业开发已占用部分空间，地下商业铺面在个人手中，尽管目前因人流和环境条件其经营惨淡，回收协调仍然困难，项目暂缓推动（无推动动力）。

在重庆以轨道交通为重点的新一轮建设中，在城市中心区地下空间大规模综合利用来临之际，以轨道为中心的城市交通枢纽规划建设，自然成为缓解城市拥堵的抓手，要提前规划。希望在未来建设的重庆几十个交通换乘枢纽中抓住机会，通过新的规划设计理念，努力创新实践，赋予步行、进入、穿越、换乘等方面新的认识，以全新交通空间设计来重新打造这个既熟悉又陌生的城市。

3.3 重庆中心城区新地标"两江桥"

3.3.1 项目背景

重庆是西南地区和长江上游最大的工业城市，拥有西部地区唯一的水、陆、空三位一体的枢纽交通条件，是长江上游经济带的核心。"两江桥"（东水门长江大桥、千斯门嘉陵江大桥）建设位于核心中的核心朝天门地区，全市领导和市民都十分关心。原提供可行性研究单位的桥梁设计方案对城市空间环境影响大，争论非常激烈。通过投标，林同棪国际（中国）公司和重庆交通科研设计院组成联合体得到设计权。主桥方案为邓文中院士亲自所做，在其中创造了多个世界第一，正如他所讲的，"不刻意造世界纪录，不惧怕世界纪录"。

3.3.2 项目建设条件

东水门长江大桥引桥及接线桥工程分别位于南岸区和渝中区，其地貌形态为构造剥蚀丘陵区。黄海高程 200~285 m，相对高差 85 m 左右，地形起伏较大，坡度为 3°~35°。

（1）上新街段

该区域为山地地貌，地形复杂，轨道线经过区域房屋建筑较为陈旧，无高层。

（2）渝中区段

该区域为重丘地貌，地形呈中间高两侧低，如龙脊伸入两江交汇口，脊背较宽，脊侧陡峭。区域人口密集，高楼林立，建筑密度大。

经地面调查和钻探显示，拟建墩位处出露地层为侏罗系中统沙溪庙组沉积岩层和

图 3.8　重庆两江桥

第四系全新统松散土层。表层主要为第四系人工填土；下伏基岩为侏罗系中统沙溪庙组陆相沉积岩层，主要岩性可划分为砂岩、砂质泥岩。

工程区域属亚热带湿润气候，具冬暖春早、雨量充沛、夜雨多、空气湿度大、云雾多、日照偏少等特点，年平均气温为 18.0~18.8 ℃。根据重庆市气象局 1951—2002 年的气象观测资料，调查区内的气象特征具有空气湿润、春早夏长、冬暖多雾、秋雨连绵的特点，年无霜期 349 天左右。

东水门大桥跨越长江，长江是重庆市主城区的过境河流，在大桥拟建区河流流向北，河面宽 500~550 m。全年水位变化规律是 2—4 月为最低水位期，7—9 月为最高洪水期。

2009 年三峡水库完全投入使用后，三峡大坝坝顶高程 185 m，正常蓄水位 175 m，防洪限制水位 145 m，枯水季低水位 155 m（均为吴淞高程）。

东水门大桥下距长江、嘉陵江两江汇流口（朝天门）约 1.5 km，距宜昌航道里程 660.7 km，该桥区河段属三峡水库 175 m 蓄水方案回水变动区。根据中华人民共和国交通运输部、水利部和国家经济贸易委员会《关于内河航道技术等级的批复》和《长江干线航道发展规划》，确定东水门长江大桥河段航道等级为国家Ⅰ级航道。《重庆东水门长江大桥通航净空尺度和技术要求论证研究报告》推荐采用《内河通航标准》（GB 50139）中Ⅰ-（2）级航道三排三列船队为代表船队进行通航论证，船队尺度为：316 m×48.6 m×3.5 m。根据《内河通航标准》Ⅰ-（2）级的规定，双向通航航道净宽 320 m，通航净高 18 m，上底宽 280 m，侧高 7 m。

图 3.9　千厮门大桥

图 3.10　东水门大桥

3.3.3 项目挑战

①东水门长江大桥和千厮门嘉陵江大桥位于城市空间和景观核心区，景观和功能均特别重要。以满足功能为前提，创造桥位特殊条件下与美丽山城匹配的公轨两用特大桥，并能获得重庆市人民认同，是最大的挑战。

②东水门大桥和千厮门大桥的建设，将重庆渝中半岛老城区、江北城金融区和南岸上新街地区联系在一起，将彻底改变半岛地区"口袋"交通的现状。但新的交通问题也随之而来，例如，如何构建城市道路网和交通体系、完善城市道路系统、加强交通智能服务和管理，同时还力求缓解石板坡长江大桥以及黄花园大桥等通道的交通压力、改善城市主骨架的畅通情况。引道与接线在理念和标准上的争论，更是一直持续到今天，新媒体讨论也一直在进行。这是千厮门、东水门大桥设计的第二大挑战。

③采用独塔单索面路轨两用、主跨 375 m 斜拉桥，主桥梁端转角问题，刚度与标准问题，风、车、桥耦合共振等问题，都是极具难度与挑战的。

3.3.4 总体设计原则与设计创新理念

两江桥项目路线总长 2.77 km，千厮门嘉陵江大桥在决策过程中争论较多。千厮门嘉陵江大桥工程起于渝中区陕西路（起点渝中隧道进洞口），自东向西设隧道穿越陕西路、市轮船公司、道门口农贸市场、轨道交通 1 号线小什字车站，拐向北下穿筷子街、市消防第一支队、民族路、市中医院、嘉陵索道、沧白路，于洪崖洞与南国丽景之间设千厮门嘉陵江大桥跨越嘉陵江，跨过嘉陵江后线路接江北城中央商务区，与江北城大街南路和金沙路相交，路线全长 1.6 km，其中主桥长 720 m。

两江大桥工程设计建设目标为"交通顺畅、景观优美、结构安全、技术创新、经济合理、持续发展"。

图 3.11　重庆两江桥夜景

①东水门长江大桥和千厮门嘉陵江大桥都是以轨道交通为主，道路交通依托于轨道交通而存在。因此，在解放碑地区注重以环境容量决定交通容量，不过多地引入交通流进入该地区，以不过多增加渝中半岛的交通量为基本原则，使江北与南岸的交通联系尽量通过隧道构建，避免对渝中区地面交通的干扰。

②尽可能方便渝中区，特别是朝天门地区车辆的进城和出城。

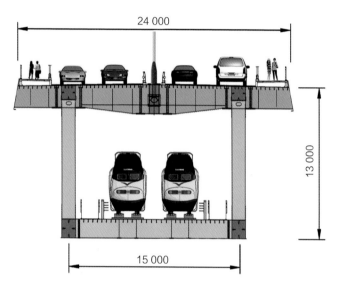

图 3.12　双层桥面公轨两用桥断面示意图（单位：mm）

图 3.13　东水门大桥车行视角效果

③注重沿线文化古迹如湖广会馆及罗汉寺等文物单位的保护，尽量减少桥位对周边建筑的影响。

④协调地上地下一切有限的资源，最大限度挖掘该地区的潜力，充分考虑轨道1号线和6号线的需求和影响，使方案切实可行。从老城区实际情况出发，道路改造分期实施、逐步推进，优先解决矛盾突出的问题。

⑤桥位的研究纳入整个区域路网系统中考虑，采用以轨道交通为主、公交车辆交通为辅的城市次干道系统，旨在实现小区域连接。

⑥坚持"以人为本"的设计理念，在完善车行交通功能的同时，为行人过街提供安全和便捷的系统，合理设置公交车站和人行过街设施。

3.3.5　创新设计与技术特点

①采用单塔单索面部分斜拉梁桥，双层钢桁梁结构，作为索辅梁桥结构创新典范，保持了重庆城市核心空间的融洽。主桥方案布跨：88 m+312 m+240 m+80 m=720 m。

②采用双层正交异性钢桥面板，保证桥的刚度和整体性。

③采用交通系统控制闸阀理念，合理控制了工程规模和标准。

3.3.6　交通设计理念讨论

1）建设标准的讨论

东水门大桥和千厮门大桥的建设，旨在增加渝中半岛地区的进出联系通道和城市道路网密度，加强交通服务功能，完善城市道路系统。"两江桥"能够使部分原先依靠石板坡长江大桥、黄花园嘉陵江大桥及其通道出入半岛核心区的交通流量分流至东水门大桥和千厮门大桥，从而缓解石板坡大桥和黄花园大桥的交通压力，为城市主骨架的畅通提供更多保障。"两江桥"道路功能定位为以解决区域内部交通需求为主的一条服务性城市次干道。

"两江桥"位于城市空间中心地区，为充分利用过江桥位资源而采用路轨两用桥，也可以说是因轨道过江需求而产生的桥梁。桥梁设计方面必须尽量减少桥对城市环境与景观的影响。桥面越宽拆迁影响越大。桥梁形式或隧道形式都是根据轨道交通隧道过江埋深、人流出入、消防安全等问题决定的。上层桥面采用4车道标准是根据渝中区高密度高容积率的开发与路网现状及改造可能决定的。中心城区交通发展，轨道公共交通是唯一和必然选择。交通供给提升，会进一步增加交通需求。若采用6车道的桥面宽标准，不仅不会带来渝中区交通通畅，反而会加剧拥堵，此外，还需要以每平方米2万元以上的高价配套一个停车场。与其带来更多的汽车污染，不如让过江行人有更好的人性化桥上空间。于是设计方坚持了4车道的设计标准，时间会验证出方案的正确。

2）索道拆迁和恢复

嘉陵江索道是重庆名片,许多重庆人对其有深厚感情,对将其拆除有许多不舍,这非常能够理解。"两江桥"规划桥位在嘉陵江索道位置上,而整个渝中区高楼密布,桥位无他处可变通。如果"两江桥"规划提早二十年,其间有效控制城市开发,也许索道拆迁可以避免;但在千厮门大桥建设时期,最好的方案选择还是拆除索道。若在大桥建成后原位复建嘉陵江索道,除建设困难、投资高之外,还有两个问题存在:一是有桥后用缆车过江的人减少,使用成本高、维护困难;二是在桥上设缆车对山城景观并非更佳。因此认为,可以长江索道代表重庆交通名片,嘉陵江索道桥要恢复建议另选位置。

3.4　重庆两江幸福广场下穿道

3.4.1　项目背景与概况

重庆两江幸福广场是重庆新的地标建筑之一。重庆两江新区成立后,市政府决定修建两江广场。广场在原来高新区修建的百林公园基础上扩建,将两江新区办公预留地和中间黄山大道与原公园连成一片,形成新的大广场,并将黄山大道改为广场一部分,原黄山大道改为下穿道路。为此,黄山大道下穿工程为广场的综合性市政配套工程项目。

图 3.14　重庆两江幸福广场鸟瞰

图 3.15　Y 型人行天桥

黄山大道音乐广场下穿道工程起于黄山大道与青枫路口，自西向东分别与云杉路及星光大道相交，止于黄山大道与青松路口，全长约 902 m，其中含立交 1 座、隧道 1 座、天桥 1 座和 5 号线车站 1 座，并包括广场地下车库、水库地下溢洪道改造与道路管线改造。

其下穿地道长 308 m，下穿道采用双向 6 车道布置，宽 27.3 m。星光大道改造全长 623 m，其中上跨桥为七跨一联预应力混凝土连续梁桥，长 233 m、宽 17.5 m。人行天桥采用 Y 型布置，跨径布置为 11.5 m+50 m=61.5 m（东西向）和 26.9 m+35.0 m=61.9 m（南北向），宽 7~12 m。

为了保证星光大道的通行能力，本次设计范围内将星光大道分为上下两层，上层为双向 4 车道上跨桥，其标高与广场标高基本齐平，下层以左右两幅下沉的匝道形式与黄山大道下沉道路形成平交路口。

3.4.2　项目建设条件

工程的建设运输条件相当便利，道路条件十分优越。道路周边路网发达，水、电、通信等设施已接入，利于道路建设。

项目建设区域位于重庆市两江新区黄山大道中段，百林公园北门附近。拟建下穿道沿线地貌属构造剥蚀浅丘地貌，经黄山大道中段建设及周边房屋建设的开挖回填区，现状地形起伏小，地形平坦。拟建下穿道是在现黄山大道中段道路开挖修建形成，场区最高点高程 298.02 m，最低点高程 289.86 m，相对高差 8.16 m。该区域工程活动较强烈。

拟建下穿道沿线主要出露地层为第四系全新统（Q4）和侏罗系中统沙溪庙组（J2s）。第四系地层主要由人工填土、粉质黏土组成；侏罗系中统沙溪庙组地层主要由泥岩组成。经地面调查，拟建场区内未发现滑坡、崩塌、泥石流、溶洞等不良地质现象；根据钻探资料，拟建场区内未发现软弱夹层、地下采空区、地下硐室等；根据区域地质资料，场区内无断裂构造通过。下穿道沿线主要工程地质问题表现为：按照下穿道设计方案施工后，下穿道两侧将会形成临时基坑边坡。在构造上位于金鳌寺向斜西翼，岩层呈单斜产出，产状为倾向 292°、倾角 19°。岩层产状平缓，层面裂隙较发育，结合程度差。未发现断层构造，在附近场地测得裂隙二组。场区内泥岩强风化层网状风化裂隙发育，中风化层中裂隙不发育，对岩体的完整性影响甚微。

下穿道沿线位置土层厚度较大，局部位置土层厚度小，下部基岩为泥岩。根据地下水的赋存条件、水理性质及水力特征，拟建下穿道场区地下水可分为松散岩类孔隙水、基岩裂隙水。

3.4.3　项目挑战

①在水库溢洪道标高与广场标高确定的条件下，如何保证人行系统人性化的需求。人行系统如何与广场环境相协调、与广场品质相匹配。

②在用地范围狭小的条件下，立交和隧道设计的交通功能如何满足需求。

③预留地铁站与地下车库如何满足广场和轨道 P+R（Park and Ride）需求。

④管线改造与水库溢洪道设计如何保证城市水安全。

3.4.4　创新设计与技术特点

项目位于黄山大道与星光大道的交叉口。黄山大道为城市主干路，位于下层，以下穿地道穿过两江幸福广场；星光大道远期为城市快速路，位于上层，采用上跨桥保证快速通行；两条道路通过 4 个匝道进行交通转换。人行天桥位于地面层，巧妙的结构形式合理解决了净空要求，并为行人进入广场提供了方便。由于该区域地下有轨道 5 号线和地下管涵通过，地上广场景观有视线高度限制，道路标高精确被控制。项目构建起立体综合交通体系，合理组织上跨桥、下穿道交通，解决了人行天桥人性化交通难题，并避免了与轨道和地下管线的冲突。

图 3.16　桥下平交路口

图 3.17　悬挂的人行天桥

（1）道路管网一体化设计

综合管网地下化，管网规划与道路设计同步进行。充分利用地下空间资源，合理布置各种管线的平面位置和埋置深度，避免今后因各管线的主管部门不同、建设不同步而造成各种管线走廊之间的冲突和矛盾，避免地下空间资源的浪费。

（2）道路交通一体化设计

道路交通一体化设计，提高了交叉口的通行能力，降低了碳排放量。道路在设计阶段采用了宏观交通规划预测模型软件（EMME3）和中观交通仿真分析模型软件（Paramics）对规划区进行交通量预测和交通建模分析，摒弃了过去以定性分析、主观判断为主的传统交通预测与分析方法，为路网结构优化和立交方案确定、道路交叉口渠化设计提供了科学和有效的技术支持。

（3）道路、公交、行人、停车设施一体化设计

项目除服务星光大道南北向和黄山大道东西向过境交通之外，其主要的功能为服务两江幸福广场，因此，在设计过程中充分考虑了道路系统、公交系统、行人系统及停车系统之间的衔接。为满足广场和周边商业、办公用楼的大量出行需求，在此节点的 3 个进口或出口设置了 3 个公交站，且通过行人梯步和人行天桥与广场和周边地块进行衔接，满足出行需求的同时，也实现了人车分离。另外，在不影响周边道路运行的情况下，周边地下、地面留有近千个临时停车位，从而很好地解决了举行大型活动时交通和停车的矛盾，也为与轨道交通换乘提供方便和可能。

（4）人行天桥 Y 型平面

人行天桥连接黄山大道两侧与幸福广场，采用曲线造型，天桥平面采用 Y 型。在交叉口取消桥墩设置，改为吊杆支撑，有利于桥下交通。吊杆上端锚固在上跨桥的横隔板内，锚固端采用栓钉剪力键 +PBL 剪力键的组合形式，受力方式明确，锚固性能优良。该人行天桥外形优美，成为广场周边一道靓丽的风景，也开创了重庆地区人行天桥设计的新思路。

第4章　山地城市滨江交通空间

在山地城市交通空间中，一般会有滨江（河）路的建设，这是对城市功能、形象、生态影响巨大的工程。在山城重庆，早在民国时期十年陪都规划中，已有对重庆滨江路的考虑。如今重庆已在长江、嘉陵江两岸建成四条六段带有各自阶段特征的滨江路。重庆南滨路设计是重庆滨江路创新设计比较成功的代表。

总的来说，江河下游城市，结合防洪堤坝，更早有了滨江路。中上游城市的滨江路则是近一二十年出现的，源于交通需求的爆炸性增长，有时也出于滨江景观带的打造，有时也结合滨江低位雨污干管的营建。像山城重庆这样陡峭的滨江用地，滨江路不得不占用江滩，部分区段架桥进入江里。

山地城市的滨江路大致可以划分为三个发展阶段：

（1）交通阶段

滨江路因为单侧服务决定了其交通效率有限，因而不是山地城市道路建设的首选。直到交通需求爆炸性增长，城市财力物力也有了一定积累后，山城重庆才开始滨江路的建设，进一步完善城市道路组网，进一步提升城市交通运输能力。这时滨江路的设计集中关注交通运输。

（2）景观阶段

随着人民经济收入的进一步增加，生活水平提高，滨江游憩、锻炼等需求大幅提升，滨江路偶尔留出的一片滨江草地、滩涂，提供给游憩的人们。这个阶段滨江路的设计开始关注滨江景观、滨江游憩的需要。

（3）生态阶段

之后的阶段，滨江路需要更多地关注生态问题。2016年1月5日在重庆召开的长江经济带会议，就突出强调生态保护。习主席直接指出，长江拥有独特的生态系统，是我国重要的生态宝库。这是滨江路规划设计中需要重点关注的，必须控制道路建设对生态的影响。

我们欣喜地看到滨江路一步步走向对生态的关注。滨江路对江体的一步步退让，体现了人类活动对人与自然合理分界线的探索。通过多次滨江路设计，我们心中有着一个"百年伟业"设想：用一百年时间，使城市主体退出江河应有的"属地"。

此江河属地可以考虑最高洪水位以外 50~100 m。在这个区域的建筑物达到设计寿命后拆去，用地改作滨江绿地，可以合理开辟滨江公园。同时，以人力促进滨江植被尽快恢复，使该区域成为人类活动与江河的交汇区域。

滨江路以此去选线与实施，主动后退足够距离，可引导城市从江河属地撤离。

江河的城市段，并不是江河主体。但就生态保护而言，如果把我们栖息的地球比作一架飞机，那么，那些生态健康的区域就是机身上一颗颗铆钉，失去一颗两颗，也许不影响飞机的安全，但我们不知道可以失去多少颗，我们能做的就是珍惜每一颗铆钉。因此，城市区段也该顾及江河的生态。同时，这也是增加城市绿肺的有效措施。

4.1　重庆南滨江路设计理念与标准再讨论

南滨江路方案设计理念，是重庆山地城市特色规划建设创新的完整标本。

重庆南滨路现处于重庆市的中心地段，在重庆中央商务区南部区域，与重庆CBD 金三角的解放碑、江北嘴隔江相望。北临长江、背依南山的地理位置，使在南滨路之上可观最美渝中夜景。南滨路历史文化资源厚重，历史悠久的巴渝文化、宗教文化、开埠文化、大禹文化、码头文化、抗战遗址文化如珍珠般遍布沿线，被誉为"步步传奇，一路传说"。从 1998 年改造至今，在南滨江路已建成一个生态亲水区，利用灯饰景观还原了古巴渝十二景中的海棠烟雨、黄葛晚渡等；修复了米市街、慈云老街、弹子石老街三条历史文化街，整饰了法国水师兵营、美国水师兵营、卜内门洋行、慈云寺、千佛寺五处历史文物建筑。现南滨路全长 25 km，获得了"重庆外滩"的美誉，是集防洪护岸，城市道路，旧城改造和餐饮、娱乐、休闲为一体的城市观光休闲景观大道。2005 年，南滨路人居环境综合整治项目获国家住房和城乡建设部"中国人居环境范例奖"，2010 年南滨路获"重庆最美街道"殊荣。

图 4.1　重庆南滨江路

4.1.1　领先的历史文化传承与生态环境设计理念

　　1997 年底，南滨路开始设计，此时重庆南岸滨江区域还是贫穷、混乱的水码头与工矿区，小缆车密布，沿江房屋低矮破烂，倒闭的工厂成为名副其实的垃圾带。老渝黔公路起点位于重庆南滨路海棠溪步云桥码头附近。1998 年初，南滨路一期从重庆长江大桥南桥头慈云寺至弹子石开始建设，全长 4.4 km。由此，开始了重庆滨江路建设的新篇章和大讨论，也开始了滨江路一代、二代、三代乃至四代的方案之争。设计组讨论时，杨建军提出了建设南岸金腰带、恢复和保护巴渝十二景中海棠晓月和龙门皓月的思路，这在当时是一个了不起的构思，他将设计引入了正确的道路与方向。这也是重庆市政项目中第一个有传承历史文化和保护环境意识的项目，可以说这是让项目成功的关键之一。

4.1.2　实用性规划理念——行洪、用地、防洪标准

滨江路建设涉及的行业与管理部门众多，最重要的是关系到长江行洪。由于滨江路定义的多功能和综合性，其论证比较困难，首先遇到的问题是：如果满足行洪河工模型线，建设上就没有了城市用地，也就是项目建设没有了资金来源；而占用河滩是违法的。业主权衡研究论证，多次找市常委沟通，终于达成共识。防洪标准问题是第二个拦路虎，它关系到岸线构筑物的安全与造价，以及城市亲水空间与景观。如果按公路标准，一级公路路基要高于 100 年一遇洪水水面线，二级公路标准也要高于 50 年一遇洪水水面线。重庆主城区滨江路的防洪标准一般为"50 年一遇"。重庆地处长江上游，结合其地形坡度大的峡谷型河道特点，提出合理优化的思路，在合理范围内适当降低滨江路防洪标准，并与规划主管部门沟通达成共识。考虑城市亲水性并综合各种因素，道路设计按"20 年一遇"的标准是比较好的选择。而公路路基的高要求也由于考虑了重庆城市道路网可达性，将其标准合理降低。这些体现了设计求实和灵活性。

4.1.3　结构创新与安全性评估

重庆滨江路地区由于洪水位与正常水位高差很大，可达 30 m 左右，为了避免城市核心区滨江路架桥太多导致景观杂乱以及增加城市用地，滨江路沿线基本要求用直立挡土构筑物。为了控制造价，在挡土结构上做了多种形式的创新尝试，包括设计拱形挡墙之类等。其时，国内除湖南大学外，对高挡墙土压力理论研究不多，结构安全设计理念和总体安全考虑不够充分，这是值得总结的教训。

4.2　绿色滨江系统重庆金海大道

4.2.1　项目背景

金海大道作为重庆市原北部新区滨江地带的一段重要的滨江路，从南至北将两江四岸规划（北部新区段）中的"一带""两核心""三绿廊""四连接""五个特色区"串联起来，其地位尤为重要。

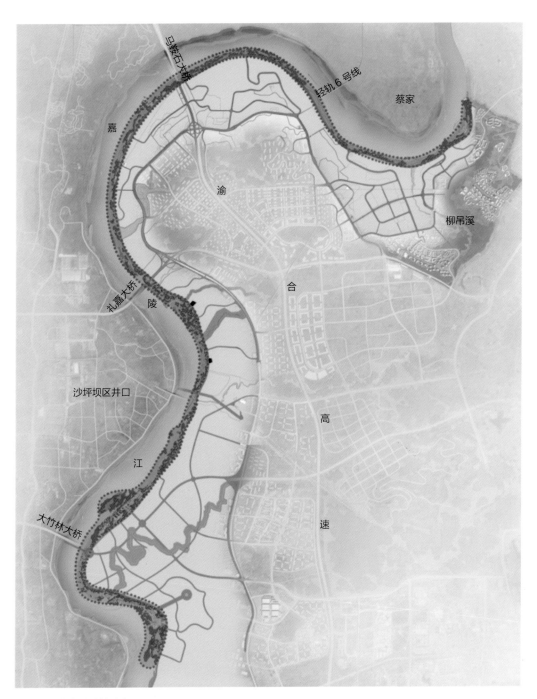

图4.2 金海大道规划

图 4.3　金海大道生态环境效果图——格宾挡墙

图 4.4　金海大道效果图——错台边坡

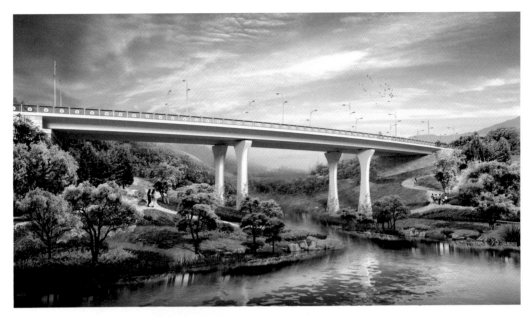

图 4.5　金海大道节点——梁桥示意图

图 4.6　金海大道节点——拱桥示意图

金海大道全长 16 803.866 m，路幅宽度 12.0~26.0 m，双向 2 车道。设计等级为城市支路，设计速度为 20 km/h，沿线构筑物主要有跨河桥 3 座。道路起于北部新区与江北农场接壤处，继续向北经凤鸡沱，跨小溪沟、大溪沟，穿大竹林半岛，经江北丝厂跨九曲河、沙溪沟、寥家溪渡口，经小林院子跨寥家溪、跃进河，过大石盘、冉家院子，在同兴苗圃处下穿渝武高速马鞍石大桥，折向东经新大田、土地堡、艾家院子，止于柳吊溪西侧。

4.2.2　建设条件

金海大道作为原北部新区独有的滨江地带，项目本身是一个珍贵的资源，同时也是机遇，更是一个挑战。如何规划建设它，是摆在城市建设工作者面前的一道难题。

金海大道位于原北部新区大竹林—礼嘉组团境内，穿越 O、F、A 三个标准分区。根据两江四岸城市设计中的土地利用规划图，该区域滨江地带定位为：以高端滨江生态宜居功能为主，配套都市旅游、休闲、娱乐等服务性功能的现代化综合城区。

线路区沿线地形起伏较大，多为浅丘地形，丘陵中沟岭相间，地形受地质构造控制，道路区地貌属构造剥蚀丘陵地貌。道路沿线区域东侧、西侧、北侧临嘉陵江，区内冲沟发育，总体地形上有利于地表、地下水排泄。该区水文地质条件简单，地下水主要接受大气降水及水库、鱼塘、稻田等地表水体的补给，经岩石中的裂隙迳流。项目场地位于人口密集的城乡结合地区，对其拆迁将是施工建设的关键控制因素。

4.2.3　设计理念及创新

城市滨水区是城市建设的重点区域。全国滨江路的修建也非常之多，如厦门环岛路、深圳滨海大道等。重庆城因两江而兴，长江滨江路（长滨路）、嘉陵江滨江路（嘉滨路）、南滨江路、北滨江路四条道路的修建，打下了重庆滨江路发展的基础。从这四条道路延伸开来，形成一条沿江而把重庆主城合围起来的"滨江环路"。

本次设计的金海大道是以一条集休闲、观光、旅游为一体的滨江景观道路的定位来进行打造的。

结合滨江景观优化道路设计，在商业聚集或者生活集中区设置景观小品或路边休憩区域，增强道路休闲娱乐功能。道路设计考虑完善的自行车道及休闲步道系统，靠江一侧多布置观景平台和亲水梯道，满足游人观光游览的需要，停车场设置考虑生态型停车场。以改善道路安全、减少过境交通、降低车辆速度、创造更多的空地、为植被提供更多的空间为目标，倡导宁静交通，完美地处理城市建设、环境和运输三者之间的关系，打造良好的宜居环境。

金海大道道路走向主要结合城市设计，尽量与天然岸线相结合，不强求道路的平直，力求曲线与岸线相协调，依山势、随水形，蜿蜒、舒展，体现曲线美的韵律感。伴随着城市的发展，金海大道附近区域将成为重庆高档生态生活区。江水是山城重庆的灵魂与血脉，作为滨江路的金海大道需要注重与江水的协调，突出亲水性，尊重城市，善待江景，营造良好的城市亲水空间。

4.2.4 项目特点总结

①符合城市总体规划和重庆主城两江四岸滨江地带城市设计。从系统上弱化金海大道的交通功能，倡导宁静交通设计。

②尊重自然，尽量保持原始生态的完整性。建成连续的沿江绿带，山峦叠峰的自然环境将最大限度地予以保留。

③道路线形设计不宜全线临江布置，以此达到景观的多样性。线形多采用曲线，增加道路的线形美，使道路沿线景观的变化更丰富，打造出一条集休闲、观光、旅游等功能于一体的景观道路。

④道路设施充分体现人性化的设计理念，方便行人穿越道路直达江边，实现亲水空间。

⑤桥梁是金海大道上的重要节点，桥型结合地形设计，风格宜简洁、精巧、大气。

⑥采用宁静交通的设计理念，以打造良好的宜居环境。

图4.7　彩色沥青自行车道示例

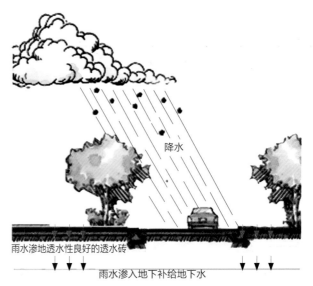

图4.8　生态停车场原理图

金海大道沿线溪涧密布，自然环境优美，极具山地特色。设计团队有效结合腹地的城市建设需求和各溪流的汇水情况，以建造良好的观山、亲水场所为设计目标，对七条主要溪流与道路相关的局部反复打磨、改造，即使是简易的步道也充分考虑了溪水的涨落态势，与自然巧妙呼应、结合。最终，其沿溪景观带成为联系嘉陵江生态系统与腹地绿地系统的重要生态廊道。

4.3　重庆江北长江滨江路的未来思考

2015 年始，重庆江北长江滨江路设计展开。项目位于重庆市江北区，该区是重庆最狭长的一个区，该长滨路就长达 10 km 之余。这条计划中的滨江路，濒临长江，穿越、连接复杂的城市区域，有现代城市区域以及两个古镇保护区，还穿越重庆主要港口之一的寸滩港，途中还包括多个油罐储存区以及铁山坪景区崖壁这样极端的区域。

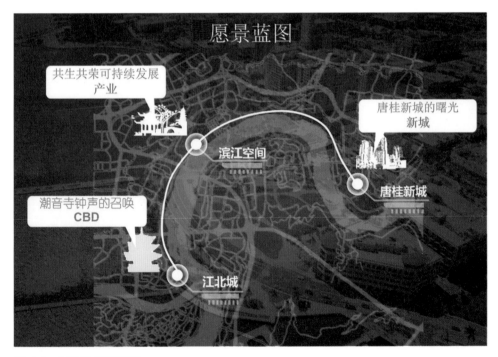

图 4.9　长滨路愿景蓝图

仅就道路连接区域而言，就知这条道路设计的艰难，加之还有用地地形的陡峭复杂，更有政府和设计团队对项目的殷切期望，都给项目带来更多挑战。

设计所面临的问题包括：岸线生态环境复杂多变，法令法规、用地红线限制众多，产业活动混杂交织，整体环境品质与期望的不匹配，民众对新型滨江水岸的热切期待等。

设计设想的这条江北长滨路，是这样的：

①生态之路。能够充分照顾到长江的生态状况，探索新一代滨江路对生态的遵循和其应有形象，为推动滨江路进入生态阶段做出自己的努力。

②效率之路。通过滨江路及众多连接支路的设置，弥补现状城市路网的不足，提升道路系统运输能力。还建议促进滨江路对更多城市功能区块的连接。

③人车分离。利用生态与产业要求规定，改变规划道路形态，灵活设计。将道路的车行系统与非机动车系统、人行系统适当分离。车行系统大量隐蔽穿越，非机动车和人行系统则沿江蜿蜒并融入滨江生态景观带，以不超过 500 m 为限，根据人流积聚要求与车行系统有机连接。

④雕塑之路。利用道路构筑物多的特点，将构筑物主题化和雕塑化。首先是雕塑化道路必需的细节构件，如将道路穿越油罐储存区需要的隔离墙艺术化为灵动的雕塑墙。希望道路本身成为一个卧式连续的"雕塑"，控制它的外观节奏，控制它的高低起伏，使其呈现抑扬顿挫的灵动外观，与长江和对岸相呼应。

第5章　枢纽与城市更新

当前，我国各大城市都在展开大规模的城市更新。其诱发契机主要是三个方面：

①提升公共交通运输能力，包括增设轨道等公共交通设施、整合各种交通、整改开发拥有较大城区用地的原设公交始末站。

②整合、舒适化步行健身游憩空间。

③整合商业服务等城市公共服务系统。

我们的城市更新，一是对城市效率的整合提升，二是对城市功能与时俱进的调整，三是对城市缺陷的弥补与修正。

通过参与甚至主导多个城市的城市更新项目，总结在城市更新设计中的一些经验教训，认为在进行城市更新设计中需要关注这样一些问题：

（1）视野开阔，选区合理

做都市更新项目视野要开阔，不仅仅要关注、分析项目本身，项目与周边城区的联系需要同等关注，很多时候，不得不把视野扩大到整个城市甚至更远。特别要建议的是，在投入设计的第一时间段，需确认设计区域，整体分析设计区域的合理性。这个区域应该在功能形象上相对独立完整。若发觉业主提供的设计区域可以做一些优化调整，要第一时间向业主提出调整建议。最终希望设计区域界线能够利用自然分界线。

（2）视角长远，适应未来

城市更新一直是全球话题。城市更新过程中众多问题的存在，本身就表明了人类把握未来能力的薄弱。这提醒我们在做城市更新时，需要尽最大努力去设想和把握未来，需要在适应现实的基础上增加适应未来的"提前量"，主动预留与未来接轨的空间，提高项目功能空间调整的灵活性。项目健康运行的时间长短是衡量项目成功与否的第一个标准。

（3）力促整合，提升效率

城市更新的一大要义就在于对城市功能、空间、形象的整合，把多年来各自为战、"大干快上"造成的积木化的城市，调整为有效而融合的整体。整合做好了，能极大提升城市效率，这是衡量项目成败的第二个标准。

（4）扩大合作，始终如一

一个城市更新项目，涉及的专业往往很多，除内部设计团队会扩大之外，还需要充分重视社会合作，打造跨企事业单位的设计团队。另一方面，要摆脱以前的专业交接习惯，设计团队要自始至终紧密合作，并增加会议商讨时间。要整合城市，就是要让城市的每个空间功能都能够照顾到其他空间功能，为此，各个专业团队的思考决策都需要及时得到其他专业团队的知晓与反馈，可谓"欲整合城市，必先整合团队"。

（5）合理收费，充足工期

必须注意到，城市更新项目需要比常规项目更长的设计周期，例如，现场调研的次数更多、时间更长，专业合作也需要更多时间，设计分析、思考、磨合更需要增加时间。必须让设计和委托方都认识并理解设计周期延长的事实，这是为城市、为我们大家负责。当然，增长的设计周期，需要对应增加设计收费，这需要用艰苦认真的设计工作来说服委托人。

5.1　重庆南坪中心交通枢纽——轨道与城市更新机会

重庆南坪中心交通枢纽位于南岸区，设计工作于 2001 年开始，2007 年结束，该项目总占地面积 12 万 m²，于 2013 年 6 月建成并投入使用。

南坪中心交通枢纽工程是设计团队投入时间很长、投入人力很多，并组织了跨企事业单位力量完成的一个项目。在项目设计开始时，主管市领导在动员会上以"城市交通大改观、城市功能大改观、城市面貌大改观"作为对设计团队的要求，项目竣工后又把它作为对其的赞许和鼓励。

这是我们城市更新项目的成功案例，也得到了市民的接受与赞扬。该项目获得了重庆市勘察设计一等奖，2014 年度"全国市政金杯示范工程"金杯奖，并在《重庆建筑》以专刊工程做了总结与推荐。项目的专业研究与成功实践为《建筑深基坑工程施工安全技术规范》的编制提供了支撑。

5.1.1　项目简介

本项目是一个综合解决步行交通、轨道交通、公共交通和过境交通的大型枢纽项目，更是一个城市更新项目。

项目位于南岸区的商业中心，建于主干道江南大道（南坪南路、南坪北路）地下；南起农机路口，北抵工贸桥头；南北全长约 1 500 m，东西宽约 40 m，地下最大埋深 32 m；设 23 个地面出入口和采光通风的口部，合计地面设施占地约 3 000 m²；总建筑面积 12 万 m²，总投资约 10 亿。

项目主体四层：最上层为地面层，设有公交车站、出租车站，交通主体下地后营造了安全舒适的半步行环境。地下第一层及其夹层为地下人行通道层，连通周边地下商业、地下车库和轻轨车站站厅，附设商业服务设施。地下第二层为轨道层，包括轻轨车站、轨道区间和被轨道分隔成两个长条的服务管理用房，用房地下设置管线夹层，布设自身管线网并敷设城市管网，类似管线共同沟。最下面的地下第三层为车行隧道，用于解决过境交通。

图 5.1　南坪交通枢纽鸟瞰效果图

项目涉及专业众多，包括建筑、市政、建环、交通几大类的各个专业，设计、沟通和审查流程都很复杂。

项目成功应对了众多技术难题，如：

①深开挖与边坡支护。场地周边高层林立，如何在最近距离不到 3 m 的情况下安全经济地进行深度为二三十米的大范围开挖，在结构上是很大的挑战。

②百年防水。该项目的结构使用年限为一百年，但目前市面上的防水材料的有效使用年限仅有二三十年。考虑到地下建筑不可能重做防水，所以在防水材料失效后，如何使室内空间依然能正常使用，是建筑构造方面的难题。

③空高局限。由于轨道线路和地面道路在技术要求方面的限制，路面和轨顶最接近处高差值大约为 11.4 m。去掉轨道本身 4.6 m 高的限界空高和综合管线 2 m 的覆土需要，仅剩下 4.8 m 留给人行通道及其底板和顶板的结构（厚度）尺寸（此局面与轨道合作方的强势有较大关系。对于城市更新项目怎样更合理地进行专业合作是需要总结完善的问题）。而局部区段功能上还必须采用大跨度的柱网（最大跨度 22.75 m）。在这样的局限条件下，设计团队的专业合作十分艰巨。

④空气品质。地下建筑，特别是人流量大的地下建筑的室内空气质量决定其使用的舒适度。新风口、排风口的设置与城市景观密切相关，室内风管的设置又受到建筑内部净空的限制。如何有效地保持室内空气的新鲜是通风专业和建筑景观专业共同的难题。

⑤隧道通风。项目有约 1.5 km 的车行隧道，隧道两端高差约 55 m，主隧道最大纵坡 4.5%，主隧道内还有若干分支。通风专业设计人员通过考察国内外类似工程并以建立项目模型进行计算的方式论证了设计方案的可行。项目整合了两个轨道站点及其区间内地面、地下车行交通以及各需要层面的步行通廊，使城区交通合理分流，又有机整合，使车行噪声得到有效控制、车行空间舒适明晰。作为城市中心的交通枢纽，它不仅仅整合交通，更因势利导，在交通空间之外拓展出 6 万 m² 的地下服务与游憩空间，完善了城市服务功能，串联起沿线城市功能区块。在照顾地面城市景观效果、考虑城区建筑密集因素、满足地下轨道通风巨大需求等多重压力下，统筹综合，见缝插针地布置通风设施，确保了地下空间的空气质量要求。在地下车道纵坡，解决地下坡道消防防排烟的特殊需求方面也做了设计研究处理。其拓展的商业服务空间的销售，回收了建设投资，成功实现了"经营城市"的设计建设理念。设计还为未来周边建筑空间的接入留下了余地。

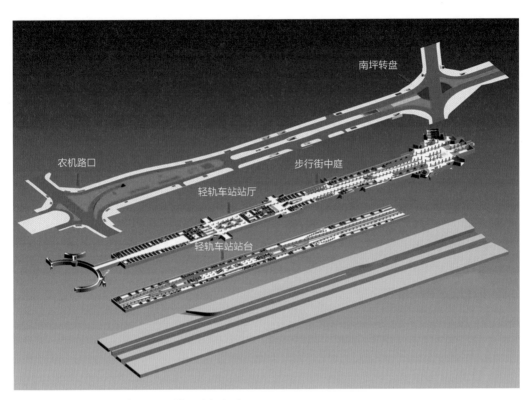

图 5.2　南坪中心交通枢纽工程地下空间组合

图 5.3　南坪中心交通枢纽下穿隧道

图 5.4　南坪中心交通枢纽地下空间

图 5.5　地下空间与地面空间的衔接

图 5.6　建设中的南坪中心交通枢纽路面风井

5.1.2　设计总述

1）主动开拓，做好参谋

主动开拓、做好参谋是该项目最成功的一点。2001 年，公司受委托研究南坪中心区路网整改。资料里含有计划的轻轨 3 号线设计方案，分析后发现凌空穿越的轨道线对城区发展不利，公司团队便开始主动展开分析，展开一次次与业主的沟通，说服业主考虑轻轨下地的想法。这份对城市发展的关心和热情打动了业主，获得了设计委托。而更大的成功是最后我们和业主及施工单位一起，历经考验把设想变成了现实。

2）积极热情，精诚合作

项目涉及两个业主、八家设计单位、三个施工单位，合作的难度比常规项目大了很多倍，甚至连最简单的交流沟通的时间节点都难以敲定。合作方还有几个外地单位，项目多次面对设计、审查人员不在重庆的压力，使项目组不得不在工作中大大加长了配合时间，并展开大量的远距沟通。

其中，特别是和轨道管理、设计单位的合作很有难度：轨道的设计审批流程与林同棪国际（中国）公司默认的项目流程有着很大的差异，难以在设计进度上达成一致。为此，作为设计方，只能通过用自己的图纸的修订量来适应此状况。在南坪中心交通枢纽工程施工图交付两个月以后，轨道方面还为满足铺轨机运作需求，从而要求加大轨行区净高。项目涉及沿线 1.5 km 的众多单位与居民，在整个设计建设过程中，他们提出了许多要求和建议。在业主的认可下，他们在一定意义上也成了项目的"业主"，这增加了项目的工作量，但这也是城市更新项目的应有之义。民众的合作促进了整体工作，可谓"全民动员，更新城市"。

设计团队内部的交通、道路、轨道、建筑、结构、给排水、强弱电、暖通及经济等各个专业，一年半的精诚合作也是愉快而不乏艰难的。设计过程中进行了数十次设计会商、两次专业互校，并进行了"管网综合"的设计努力。管网综合这个工作，是初次尝试。在考察新加坡地铁建设时，得知其施工现场为了合理组织管线占用了差不多一半的建设周期，施工者抱怨设计未能妥善进行管线综合的设计。在我们展开设计尝试时，发现工作量确实非常大，约定设计周期完全不够用，最后只能就空间局促的部分区段完成了管线综合，最终效果还是不错。

3）牢记责任，不辞变更

项目的复杂和合作的多方以及各种变化，带来了非常多次的设计变更。最大的一次是在2007年底，直接从施工图阶段重新回到方案阶段，这是因为业主决策把项目的面积指标扩大了一倍。不同于普通民用建筑，因消防、人车交通组织以及施工考量等方面的压力，设计难度也几乎加大了一倍。另外，还有空调相关机组由室外调到室内，最后再调至室外；商业用房的自由划分调整为便于销售的小开间布局，等等。一次次的调整要求，项目组都积极应对了下来，甲方也积极地支付了大部分调整费用。

项目组展开研讨解决了多个设计难题，这方面是所有设计人员的收获。

4）实事求是，展开研究

在设计过程中，项目组主动或配合业主先后进行了道路交通、城市规划、地下空间等多个专项研究，包括地下建筑采暖通风形式的研讨、结构形式的研讨、消防的研讨、防水材料及其工法的研讨、电梯及天窗构件的研讨。通过这些设计研讨，一方面向甲方证明了设计团队设计态度，一方面锻炼和培养了公司的设计队伍。

（1）采暖通风形式的研讨

该研讨源于两个方面：一是甲方提出了采用地源热泵的建议，二是面对不同分区不同功能用房的合理空调形式的选择。最终，项目组通过客观证明成功说服甲方放弃地源热泵，并对各个分区合理地采用了各自相适应的空调形式。

（2）结构形式的研讨

设计过程中针对该地下空间的复杂变化，项目组进行过逆作法以及拱、板、梁板等多类结构相关问题的研讨。

（3）消防的研讨

这方面工作包括：从对各相关规范的深入研读，到向消防专家的咨询，再到与消防审批部门的积极沟通合作。从放弃大量玻璃隔墙，到各分区对不同消防规范的灵活运用，通过一系列努力有效应对了对出入口的数量和宽度的苛刻限制。整个消防设计一次性顺利通过了消防审批。

图 5.7　南坪中心交通枢纽工程鸟瞰（一）

图 5.8　南坪中心交通枢纽工程鸟瞰（二）

（4）防水材料及其工法的研讨

项目用地的限制，确定了原槽浇灌的施工方式；为了节约投资，也不做基坑找平；而从开挖情况看，地下建筑的防水任务重大。项目组阅读了大量关于建筑防水的资料，深入熟悉多种涂料、多种卷材，以及膨胀土、防水毯等各种内、外防水材料，研讨了从混凝土自防水到复合防水的构造做法，分析了目前地铁建筑的经验教训，提出了合理的防水做法。

（5）电梯及天窗构件的研讨

项目涉及40多台直升电梯与电动扶梯，这也给项目组提供了学习机会。在配合甲方做电梯招标的过程中，第一次接触了它们的分级区别；通过几十种电梯资料，了解到国内已有众多可选择的电梯品牌。而对于有助于室内空间塑造的玻璃天窗，项目组更是小心研讨其构造做法，并为此咨询了知名厂家。

5.1.3 评估与总结

城市成熟区域的每个大型市政项目，都应该被当作城市更新项目来对待。

首先，每个大型项目都对城市带来巨大影响，必须带着整合城市、美化城市的目标去设计、建设，带着为未来留有空间的责任去设计、建设。只有这样，项目的影响才会是正面的。否则，就像很多城市，在发展和扩建中，蛮横占用人行系统空间，塞进城市的高架桥、牺牲掉周边原有经营氛围的大型市政道路工程，等等，做得再多，也无法达到和谐的结果。

另一方面，每个大型市政项目的展开，都是城市更新的一次难得的契机。

①本项目资源集约，轨道下地与快速路下穿，改变了过去商业街区围绕路口设立问题。方案实现车行隧道与轨道在地下交叉穿行，完成了枢纽的人性化设计。争取到各方最大共识，是项目成功的关键。

②地下人行系统与地铁车站有机结合，利用施工明挖工法提供的空间设立人行系统和商铺。实现城市地下空间综合利用，取得最大经济效益，是项目值得特别推荐的地方。

用一句话来概括南坪中心枢纽的创新价值：如果一个项目可以改变一片区域乃至城市，南坪中心枢纽做到了。

获得的荣誉：

重庆南坪中心交通枢纽工程荣获2014年度重庆市优秀工程设计奖一等奖，2014年度"全国市政金杯示范工程"奖，2015年度全国优秀工程勘察设计行业奖市政公用工程三等奖。

5.2　黄山市高铁站交通枢纽——交通安全、经营城市与社会公平

5.2.1　项目背景与概况

图 5.9　黄山高铁站交通枢纽鸟瞰效果图

　　黄山是我国著名的旅游胜地，历史悠久、人杰地灵。新世纪，面对区域经济一体化和我国城市化快速发展的新形势，借助建设高速铁路的新机遇，黄山市提出了建设交通枢纽型城市和大力发展交通设施的要求。黄山市高铁站交通枢纽是集高铁、轨道交通、长途客运、城市公交、出租车、社会车辆等多种交通方式于一体的城市综合交通枢纽，是黄山市推动建设中的最重要的工程项目之一。黄山市高铁站交通枢纽工程总占地约 645 亩，地下车库 2.4 万 m^2，落客高架道路 880 m，双向 8 车道站前大道 3.4 km，双向 4 车道站前大道下穿车行地下通道 690 m，设计规划预留长途汽车、公共汽车蓄车场和中运量城市轨道交通系统。

5.2.2 项目挑战

①公交先导如何引导发展；交通枢纽如何有效减少交通阻抗；路内站场设施场外化，如何提供多层次、高品质公交服务。以交通环境人性友善、传承文化、提升城市竞争力为目标的枢纽设计，理论与概念多，成功案例少。

②黄山是影响力强大的城市，黄山高铁站交通枢纽工程被高度关注。国际水平的高铁枢纽如何来做，是更大的挑战。

③枢纽交通各种复杂组织转换关系与标准、规模的控制。

④枢纽人性化和枢纽安全设计。

5.2.3 枢纽定位与设计理念

1）站前广场周边区域交通组织规划

高铁黄山北站及其周边开发区域的快速集散系统由站前大道、新城大道、环城路等构成，为黄山北站综合交通枢纽的内、外部交通衔接提供了快速转换。站前大道、仙和路、托山路与站前广场对接，为主要的进出站道路。黄山北站交通形式为"高进低出"，以高架平台为纽带实现核心区的交通组织。

2）广场与地下功能空间布局

高铁枢纽站前广场从平面上分为五个区域，分别是常规公交区、定线旅游公交区、出租车换乘区、非机动车停车区和站前广场景观人行区。广场东侧分为两个区，分别有综合服务大楼和长途汽车、公共汽车蓄车场。常规公交、定线旅游公交、出租车根据不同流线形成三条车行环线。站房与广场五大区域之间分别设置人行交通区，交通换乘距离均小于150 m，满足枢纽客流的转换要求。

地下分为三大区域，分别是车辆停车区、商业服务区、导轨电车停靠站。地下空间仅一层，建筑面积24 000 m²，可提供342个车位。导轨电车停靠站长120 m，宽8 m，建筑面积960 m²。

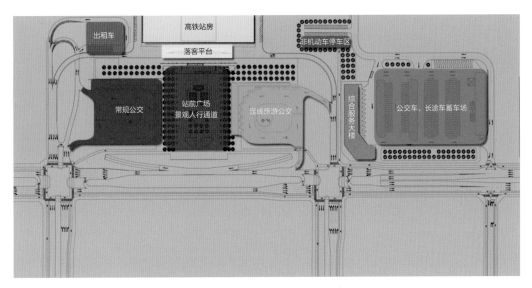

图 5.10　站前广场功能布局图

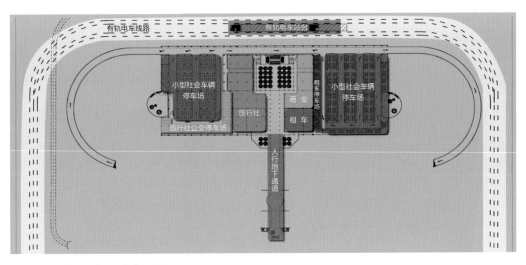

图 5.11　地下空间功能布局图

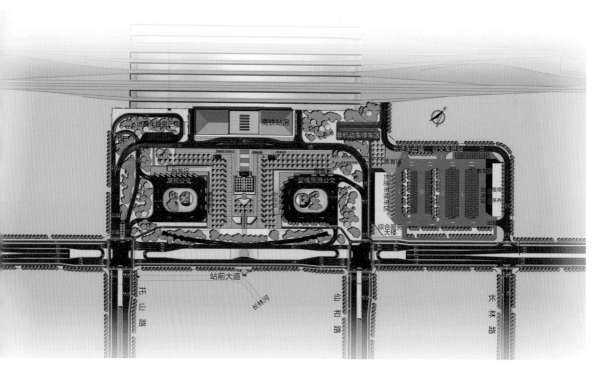

图 5.12　区域交通组织规划平面图

3）枢纽主要交通流线

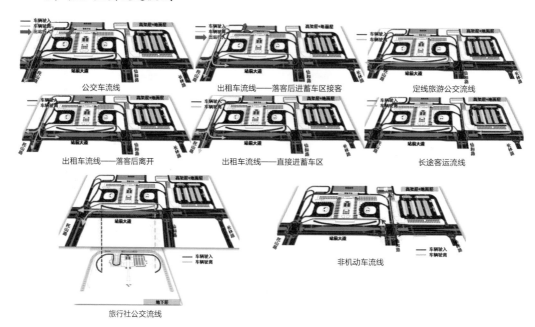

图 5.13　主要交通组织流线图

4）广场地下建筑设计

站前广场设置地下建筑，建筑整合为长 240 m、宽 100 m 的矩形。该地下建筑与客运站站厅平行布置，与站厅间距 60 m，留出高架桥及预留的导轨电车建筑空间。

建筑在广场地下沿广场中轴线大致对称布置：居中是下沉广场和宽 10~20 m 的人行廊道，直通站前大道下穿人行道；人行廊道两侧是服务用房与采光通风的天井。建筑两头则是两个地下车库，分别为中型车（位于西南部，120 车位）和小型、微型车车库（位于东北部，222 车位），考虑不同车型的需要，两个车库采用了不同的柱网格局，同时建筑北部宽 10 m 的车道将两个车库连为一体。车库的两个端墙处，各自设置一个半径 15 m 的圆形下沉庭院（设于地面汽车站场中央绿岛内），为地下车库带来采光与新鲜空气，形成"窗外景致"，同时又作为车库的紧急疏散通道。

5）地面道路系统规划

（1）站前大道

站前大道是黄山市规划"半环状 + 方格网"的城市主干道中"六纵"之一的主干路，该道路贯穿南北，以区域间交通服务功能为主，在高铁新区处兼备服务黄山高铁站场。

站前大道黄山高铁段全长 3 400 m，双向 8 车道，道路红线宽度为 58 m。其中，站前广场前为站前大道，分别在与托山路和仙和路交叉口处设置双向 4 车道下穿通道，解决过境需求。站前大道地面道路服务于站前广场，各方向交通转换通过两处平面交叉口解决。

（2）常规公交道路

常规公交道路以圆环形式布设于广场西侧，通过蓄车场道路实现与站前大道的相互联系，并通过站前大道与托山路交叉口实现各方向的交通转换。

（3）定线旅游公交道路

定线旅游公交道路以圆环形式布设于广场东侧。该类公交通过落客高架道路进入广场，上下客后离开广场驶入站前大道。

（4）出租车道路

出租车辆换乘区位于站房西侧，通过蓄车场道路实现与站前大道和落客高架道路的相互联系。

（5）长途汽车道路

长途汽车蓄车场位于站前广场东侧地块，占地约 45 000 m²。长途汽车通过地块外侧支路实现与站前大道的右进右出。

（6）非机动车道路

非机动车道路规划结合广场具体布置。在站房东侧布设了非机动车停车区，并在站前广场南侧平行于站前大道布设一条非机动车道路轴线，保证非机动车道路系统的连贯性，以实现非机动车各方向交通功能的完整性。

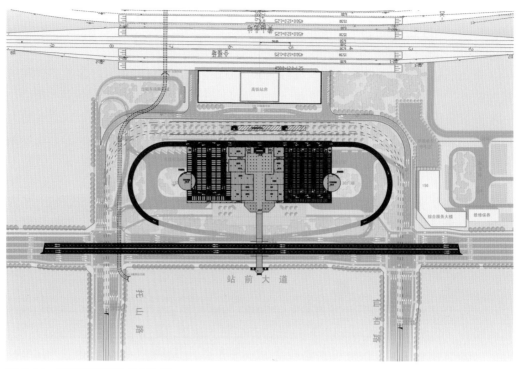

图 5.14 地下道路系统总平面图

（7）地下道路系统规划

广场外侧站前大道上分别布设了地下停车库出入口，该出入口直接服务于社会车辆停车区，满足社会车辆停车的需求。同时站前大道主线下穿通道也位于地下空间，主要解决远期站前大道过境交通需求。

6）站前广场景观设计

（1）主题理念

站前广场设计的主题理念来源于对徽州文化的重新解读；为了配合好站房的整体风格，景观规划设计的主题理念确定为"天下黄山，山水魅力"。整个设计与车站周边整体环境以及黄山城市整体风貌相融合，力求通过黄山的风情风貌、黄山的特殊韵味点缀站前广场，通过站前广场特色景观将黄山更好地展现在旅客眼前，从而为游客们留下美好的第一印象。

（2）设计亮点

①多角度展现黄山特色；

②多空间疏导客流集散；

③多形式表达地域风情。

5.2.4　创新设计与技术特点

黄山市高铁站交通枢纽属安徽区域交通枢纽，应展现古徽州和新黄山现代国际旅游城市窗口形象，成为满足城市未来发展，满足多层次、人性化的多模式交通需求的现代化交通枢纽。

①着眼宏观规划提供整体性方便出行解决方案：以交通功能性为龙头，考虑各专业学科的相互支撑，结合城市近、远期发展，使项目具有前瞻性，实现枢纽设计的多学科综合最优化方案。

②资源利用的最优化：技术创新与文化创新相结合，建设美丽黄山、彰显黄山魅力，引导城市发展。对地下空间充分利用，开发部分地下商业空间，减少城市建设财政压力。

③人性化设计理念：设计从人性化出发，提倡交通信息透明，减少交通阻抗，保护公共空间，提升城市门户形象，提升城市服务品质。

5.2.5　成果与评价

①黄山市高铁站枢纽项目是众多高铁站城市交通配套项目之一。国内目前已建的高铁站交通枢纽，由于建设周期原因，城市交通转换与人性化问题普遍有待进一步解决。本项目中较好实现了交通工程与环境、人文的结合，实现了人性化出行设计的目标，为黄山作为国际旅游城市窗口增加了新的亮点。

②项目成果地下空间开发综合利用考虑完善，形成 20 000 m² 车库和 5 000 m² 旅游租车商业面积。符合未来旅游模式、减轻了城市财政压力、满足多元化的需求是项目另一亮点。

③项目总体设计与山地丘陵地形结合较好，交通广场根据地形引入了"四水归堂"的思想和文化元素，并节约了总投资，得到了业主高度认同。

④采用计算机交通模拟交通评价：交通设施有较大的富余量，交通高峰时段枢纽的设施供应较充足，没有问题特别突出的关键点位。根据模型输出，枢纽在紧急疏散情况下，地下层所有人员可在 2 min 内撤离至安全区域，能够满足规范要求。车流车辆动态仿真显示，远期站前大道两侧平交口平均延误为 32 s，服务水平达到 C 级别，整体运行状况良好。

⑤建成后，业主对枢纽规模控制、车行交通组织设计和地下车库与地下商业商铺规划使用设计非常满意。

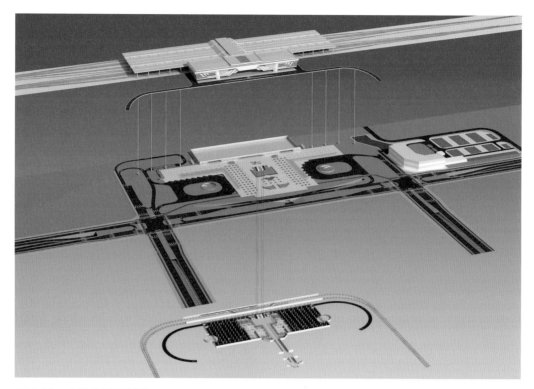

图 5.15　广场分层示意图

5.3　重庆涪陵高山湾综合客运换乘枢纽——标志、人本、节能与文化传承

5.3.1　项目背景与概况

　　重庆涪陵坐落在长江、乌江交汇口，是一个充满经济活力和文化底蕴的城市。它现在位属长江经济带，近年来经济高速发展，交通需求迅速增加。作为城市发展命脉，涪陵的公共交通系统需要质量上的飞跃：拟兴建一大型综合客运换乘枢纽作为公共交通核心，推动涪陵公共交通向发达城市水平迈进。根据重庆市涪陵区 2011 年城市总体规划报告，拟兴建涪陵高山湾综合客运换乘枢纽及附属配套设施工程，该综合枢纽是一个面向长江经济带、日旅客吞吐量近八千人次的现代化大型换乘枢纽站，将高效整合长途客运、城市公交、轻轨、出租车等交通系统，作为公共交通的心脏，并实现交通与旅游的融合。其主要由长途汽车站与公交汽车站组成，未来连接轻轨站，拟建面积为 51 200 m^2。

5.3.2　项目挑战

①项目用地呈长条形，东西向长 225 m，南北向长 516 m，用地面积约 71 997 m²，场地高差 30 m。项目基地西侧紧临迎宾大道为主要景观面，南侧与大型市场隔路相望，东侧及北侧地势陡降、视野开阔。

②在山地中等城市建设国际一流的交通枢纽，人、车交通组织是最大挑战。此外，还需考虑设计方案与现行公交管理方式如何结合。

③建筑方案创新性如何让业主满意也是常规的挑战。

5.3.3　设计理念

①无缝换乘体验：科学组织内、外部交通与人流，达成人车分道、人性换乘等交通功能。充分体现舒适、便捷、安全的全新交通体验。

②回应基地条件：地形方面，充分尊重原始地形、依地势设计，使建筑与地形完美结合。

③当代建筑标志：综合枢纽作为城市门户，使项目具备极佳的标志性，在此之上更重要的是充分体现城市文化精神。

④绿色节能建筑：绿色设计回应当地气候及环境条件，使枢纽在提供良好服务的同时，以最低的投入换回最高的回报。

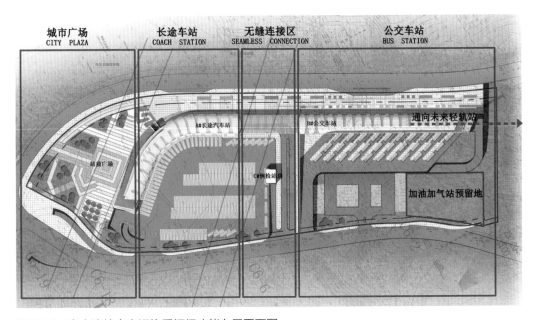

图 5.16　高山湾综合客运换乘枢纽功能布局平面图

5.3.4 项目总体设计与创新

1）总体布局

场地南侧地势较高且平坦，利于设置广场及标志建筑。北半部随石鼓路下降形成较大坡段，需依地势规划功能布局以利枢纽未来的营运。因场地上方穿越两条高压线路，需建造两道各宽达 30 m 的保护带，将场地南北分为三段，破坏了枢纽建筑连续性。本项目精心研究整体功能布局，采用配置广场及连廊等策略，最终实现了连贯畅通的枢纽建筑。

2）场地交通流线组织

为避免各式交通出入口影响迎宾大道景观，交通出入口将集中设置于石鼓路侧。进站车流将采用北侧掉头匝道合并后右转进入枢纽。离站车流一律右转上石鼓路，采用南侧掉头匝道分流后离开。同时，结合地形地势，按照功能的竖向分布顺序，沿石鼓路由南向北，依次设置长途车汽车、社会车辆和公交车出入口。在主要交通节点及基地各个出入口处设置电子信号设施，并设置交通标志及标牌，形成完善的交通诱导系统。步行进入枢纽的行人主要来自南侧商场；未来在轻轨站启用之后，北侧也将有大量的行人步行进入枢纽；也将会有部分乘客从迎宾大道侧进入。精确测算各式换乘客流量及外部人流，在枢纽内部结合景观设置水平及垂直向交通廊道，串联枢纽各功能，实现舒适自然的无缝换乘体验。

3）建筑功能布局

水平方向，由南至北分别是城市广场、长途汽车站、无缝连廊、公交车站，向北延伸到未来轻轨站；垂直方向，长途汽车站部分分为四大功能区。其中三、四层均为长途汽车站配套用房。二层是售票层，主要通过由南向北的站前广场连接长途汽车站大厅和售票厅。沿迎宾大道设置出租车停靠港湾满足上下客需求。一层是长途汽车进出层，长途汽车站候车厅、发车位、停车场、长途汽车下客区及例检区、社会车辆停车库入口、出租车出人口均在该层。负一层是社会车辆出口层，同时为社会车辆停车库。负二层是社会车辆停车库。公交部分分为三大功能区：一层是公交换乘通廊等主要空间；负一层是公交车出发层，设有公交车发车位、公交车等候区、公交车车站配套用房等；负二层是公交车服务层，供公交车停车、清洗及维修使用。

图 5.17 高山湾综合客运换乘枢纽鸟瞰效果图

图 5.18 高山湾综合客运换乘枢纽主体建筑效果图

4）建筑立面与外观设计

枢纽功能沿迎宾大道侧配置，呈现连续而简洁的体量，造形意境呼应江畔的白鹤梁，延续了涪陵当地独特的文化记忆。建筑与文化相结合，创造出独特的建造文化气息，真正体现出涪陵的文化底蕴。

圆润的建筑主体由长途汽车站及公交车站组成，映照未来周边丰富精彩的都市生活。南侧广场建筑立面大气并富于线条变化，形成独特的枢纽建筑标志；枢纽大门外观建筑现代，立面设计线条赋予了造型上的速度感和现代感。无缝连廊外观流线连续，向北连接到场地北端的未来轻轨站。露天广场步道结合商业空间，为精彩的都市生活提供空间。长途汽车站景观中庭将清新自然的绿意带进车站核心区，由大厅和候车厅等主要空间共享，提供了宜人舒适的乘车体验。同时，自然风光和自然通风的引入，打造出一个可呼吸的生态交通枢纽。

图 5.19 建筑立面及外观设计效果图

5）竖向设计

根据周边市政道路设计场地内建筑标高。A# 建筑 ± 0.000 标高为黄海高程 268.30 m，B# 建筑 ± 0.000 标高为黄海高程 257.20 m。进站大厅标高为黄海高程 274.30 m，站前广场为黄海高程 274.00 m。利用场地的地形高差布置地下车库，整体平衡场地土石方，减少了因地形高差形成的环境边坡，使场地的利用安全、经济、合理，既提高了土地利用率，也便于车辆的进出。

6）建筑节能

按照《重庆市公共建筑节能设计标准》进行节能设计。从建筑的体形系数、外墙传热系数、门窗传热系数、屋面传热系数等方面计算来确定建筑是否符合节能规范要求。建筑外墙均为加气混凝土砌块，窗为双层玻璃窗，屋面采用双防水加挤塑板保温层，外墙、外窗、屋面设计均满足传热系数及热惰性指标要求。

电气方面，所有变配电设备、开关、光源及灯具，均采用新型低耗产品。变配电所设置在整个建筑的中心位置，以减少线路的供电损耗。公共照明开关尽量采用自断延时开关。荧光灯自带电容器且变电所采用集中电容补偿以降低无功损耗。利用智能化管理系统对供电设备、公共照明、电梯、供水、通风空调等主要设备进行监控管理，以达到节能的目的。选用节能型的电气设备（如可控硅调速节能电梯、节能变电器等）实现运行节能。

7）建筑智能化

采用建筑智能化系统对空调、生活水泵、电梯、通风机等有效管理，实现计算机优化控制，满足运行节能。

5.4 重庆轨道交通环线鹅公岩段过江桥

5.4.1 项目背景

重庆鹅公岩长江大桥于 2000 年建成，总长 1 419 m，桥跨布置为 7×46 m+50 m+211 m+600 m+211 m+25 m，主桥为 211 m+600 m+211 m 钢箱梁悬索桥，引桥为预应力混凝土 T 型梁桥。鹅公岩长江大桥设计时，由于当时轨道交通条件不明确，设计单位仅考虑了轻轨交通荷载的影响，对通行轨道交通的一些关键性问题，如列车走行性、安全管理、梁端转角、局部承载力、局部构造疲劳、风 - 车 - 桥耦合等问题，未能进行深入研究。

图 5.20　鹅公岩长江大桥现状

原设计预留采用 C 型车列车 6 节编组，一列车长 19 m、四轴、轴重 120 kN。现轨道交通环线需从鹅公岩大桥通过，原设计单位对该桥展开深入研究，提出了保证轨道通行的桥梁改造方案。原设计单位评估认为，改造后的桥梁基本可以通行 6 节编组的直线电机车或 5 节编组的 B 型车。由于改造方案要中断交通、桥改造后条件受限，对轨道交通客流预测的需求满足能力较低，且投资大。受重庆市轨道交通集团委托，林同棪国际（中国）公司设计团队对鹅公岩长江大桥轨道通行方案进行进一步研究。

5.4.2　原改造方案存在的问题

1）桥梁结构的静力性能分析、强度和疲劳验算

验算报告来自西南交通大学。采用轨道交通荷载布置在中间的方式，验算桥面板纵向 U 形加劲肋和横隔板相交构造的疲劳应力。计算结果不能满足 AASHTO（美国国家高速公路与运输协会）规范要求。因此即使采用相对安全的中间布置方式，横梁也需进行局部加强。由于现场焊接条件的限制，焊接质量难以得到保证，可能产生大量的结构疲劳源，存在结构疲劳应力没有得到改善反而加剧了疲劳的可能性。现状主桥需在带应力状态下进行焊接或铆接加固，存在易损伤原结构、现场施工质量难保

证等技术难点，且无改造实例可循。

2）主桥两边边跨均需增设辅助墩影响美观

根据西南交通大学的研究报告，主桥梁端转角达到 17‰，大大超出了规范规定的 3‰ 的要求；主桥竖向刚度（挠跨比）也不能满足规范要求，需要通过加固改造和设置钢轨伸缩调节器对主梁刚度进行提高及改善。这就需在主桥边跨增设辅助墩增大结构整体刚度，改造后可能影响行洪和大桥美观。

3）引桥改造影响交通

上部 T 梁的改造需拆除和改造引桥 4 跨 T 梁结构，用钢混叠合梁代替，引桥桥墩也要相应改造，由于盖梁是预应力结构，结构改造难度较大。为满足不完全中断交通的要求，施工步骤为：拆除中央 5 片 T 梁—解除盖梁预应力—切断盖梁—轨道桥梁施工。由于上部 T 梁横向荷载分布增加很大，上部 T 梁需要替换。而改造桥墩施工和 T 梁拆除改建需封闭交通 1 年。

4）桥面系改造问题

从桥梁结构安全性考虑，减轻轨道重量，推荐采用合成轨枕结构。合成轨枕重量轻，仅为相同体积混凝土轨枕的 35%。另外，全桥桥面系需全面改造，设计上为减轻重量，将 7cm 厚沥青混凝土铺装改为 5cm 厚环氧沥青铺装，采用轻型合成轨枕道床。施工将影响交通 3 个月，轻型道床使轨道后期维护管理工作量有所增加。

5）为保轨道安全行车设置本桥专用伸缩装置问题

原桥为三跨连续悬索桥，在两梁端应采用钢轨伸缩调节器。由于改造后桥梁端转角仍然大于规范规定，需专门设计伸缩装置；另外，由于梁端处梁轨纵向相对位移量达 600 mm，超过目前调节器单向动程 500 mm，应重新开发研制专门大动程特种调节器，并做实验，费用昂贵（单价 1 亿元以上）。

6）轨道和道路通行标准降低，无发展余地

原桥改造后会对车辆制式、编组、车速进行限制，使轨道交通通行标准降低。且改造后主干道缩窄为非标准车道，每车道 3.25 m，市政快速道路通行标准也会降低。

7）项目风险

①原桥改造完成后，其运行无相关规范可依，需组织多次、多项专项论证其技术可行性。并且由于大桥改造后轨道交通运行标准和道路标准较低，即使论证通过，行政职能部门及营运单位需承担相应的责任和运营风险。

②桥面护栏方面，既要防止大车撞断护栏从而影响轨道交通的正常运行，又要阻止小车穿过护栏或被护栏弹回引起二次事故。而且护栏也是轨道交通电缆支架。因此，护栏的设计不能过于强大，又要有一定的刚度。为保护轨道交通安全，桥面车行道大、小车要分道行驶，靠近轨道交通的车道安排为小车行驶。

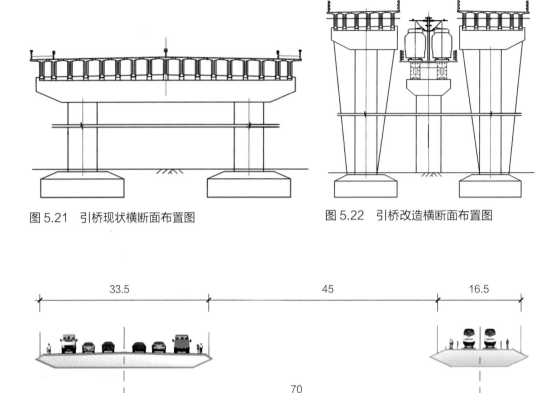

图 5.21 引桥现状横断面布置图　　　　　　　图 5.22 引桥改造横断面布置图

图 5.23 新建环线交通专用桥与现状桥断面示意图（单位：m）

5.4.3　设计理念与创新思路

为减少轨道施工建设对重庆城市交通的影响和大的冲击，经过深入研究，认为原桥改造问题较多，而规划调整轨道线网结构基本不具有可能性（或者说开辟其他通道代价更大）。提出利用原规划轨道线路在谢家湾立交单侧沿原路桥上游40~50 m处转弯上桥的特点，在原桥位上游40~50 m处新建一座轨道环线交通专用桥的方案。

保留鹅公岩大桥快速路通行能力提升的可能性，是该轨道过江桥采用新建桥的价值体现之一；而采用新建桥也是必然的选择。随着主城区交通量不断增加，交通拥堵几乎成为所有人口超过200万人的大城市的通病。为满足重庆未来交通发展需求，鹅公岩大桥远期应考虑利用轨道预留空间平面位置，将桥拓宽为8车道的可能，以保证城市最重要的东西向快速路的通行能力。而轨道桥则以复线桥形式与原桥共桥位。

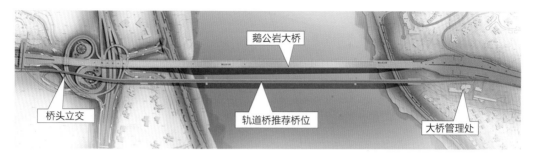

图 5.24　桥位平面总体布置图

图 5.25　鹅公岩长江大桥轨道交通过江推荐方案效果图

因此，拟建一座主跨跨度与鹅公岩大桥主跨一样的轨道专用桥，新建轨道桥位于鹅公岩大桥上游侧。新建桥与老桥间净距 50 m，以保证施工期原主桥隧道锚安全和新桥施工工作空间。两桥主塔位置横向对齐，新桥主跨布置为 600 m。

5.4.4　项目技术特点

①规划方案利用了原桥为轨道预留的平面位置和荷载，让重庆最重要的东西向城市快速道扩宽为 8 车道，满足未来可持续发展交通需求。保证原市政快速路道路通行标准，增强了主通道的通行能力。

②新建桥梁轨道通行标准与环线轨道交通全线保持一致，使轨道交通过桥不会成为降低其标准的瓶颈。

③施工期间基本上不影响现有市政道路的通行，保证了城市交通畅通。

④利用了规划为轨道预留的通道平面位置，取消原轨道上桥的"S"形曲线，提高了轨道线形标准，解决了原桥改造可能留下的管理和安全运营难题并规避了风险。

⑤方案用地条件：由于西侧桥头立交正在修建，如果新、老桥桥面等高、调整与优化立交设计，则用地与规划条件不变。如果要保持在建立交不变动，新桥桥面要比老桥高 3 m 左右，轨道环线谢家湾站要与地块开发单位协商共建，而共建对地块开发来讲是好事。

第6章　城市升级——快速路交通大动脉构建

6.1　重庆石板坡长江大桥——世界第一梁桥

6.1.1　背景与挑战

重庆石板坡长江大桥复线桥的世界第一跨径梁桥记录的出现属于偶然。重庆城市快速路加宽，一些桥梁也随之加宽改造，加宽的新桥惯例上由原桥设计单位设计，然而此次林同棪国际（中国）公司有幸承接了新桥的设计。根据设计团队的研究讨论，新桥做成复线桥结构与原桥一致，原桥为主跨通航孔 156 m+173 m 的 T 型刚构桥。

当设计工作和可行性研究同时开展时，可行性研究进行通航净空尺度论证。由于桥加宽，造成巷道效应使轮船行使困难，加之内河航道规划管理升级，与原桥主跨一样的桥式总体布置未能通过长江水利委员会组织的专家论证。其后交通运输部又多次组织专家论证，通航论证结果要求大桥主跨在本桥位必须大于 330 m。因此，与原桥设计一致的桥梁结构方案彻底出局。林同棪国际（中国）公司最初提出的新方案为主跨 330 m 的斜拉桥。但是老桥梁桥与新桥斜拉桥并列，造型很不相配，会影响重庆核心区整体景观。

为此，在正式上报市政府之前，本着对重庆城市高度负责的精神，业主重庆市城市建设投资公司组织专家再次论证方案：斜拉桥是不是技术唯一的选择？有做梁桥的可能吗？挪威 301 m 梁桥世界纪录，有技术突破的可能吗？

林同棪国际（中国）公司组织技术研究和讨论，正式向城投公司提出可以用钢混组合连续刚构桥的方案，从而尝试解决所面临的难题，诞生世界第一梁桥纪录的挑战就此开始！

6.1.2　项目概况

重庆石板坡长江大桥加宽改造工程是并列于旧桥的新建桥梁工

图 6.1　石板坡长江大桥与复线桥（一）

程，位于重庆主城区核心地段，是一座十分重要的特大桥梁。石板坡长江大桥旧桥为 86.5 m×4+138 m+156 m+174 m+104.5 m 的 8 跨 T 型刚构桥。为保证重庆山水城市整体风貌，新建桥梁孔跨布置及结构外形总体上要求既要与旧桥一致，又要满足新的通航净空。设计在基本保持原桥型及桥墩与旧桥一一对应不变的原则下，又必须改善原通航孔（156 m+174 m）净空不足的难题。方案设计创造性地提出了钢混组合刚构方案，十分圆满地解决了上述问题。新桥桥跨布置为 86.5 m+4×138 m+330 m+132.5 m，其中主跨达 330 m，是目前世界梁桥中最大跨径。大桥采用钢混组合式刚构 - 连续混合梁桥体系，充分利用钢结构和预应力混凝土结构各自的优点，在充分认识预应力连续刚构体系力学行为的基础上创新地把组合结构概念和钢 - 混凝土连接技术融和起来，使桥梁结构能力大大增强，结构行为更趋合理。该桥的建成，把世界梁式桥建设向前大大地推进了一步。

　　世界桥梁跨径纪录：1974 年建成的巴西尼特罗伊（Rio-Niteroi）跨海大桥是世界上最大跨径的钢梁桥，其主跨跨径为 300 m；世界上最大跨径的混凝土梁桥是挪威的

斯托尔马（Stolma）桥，主跨跨径为 301 m；1997 年建成的中国广东虎门大桥辅航道桥，主跨跨径为 270 m。

6.1.3 建设条件

石板坡长江大桥位于重庆市渝中区石板坡至南岸区南坪隧道之间，南、北桥头分属南岸区、渝中区。桥位区两岸有公路网连接，长江航道通航正常，水陆交通方便。

桥位河段处于长江中上游丘陵地段，距河源 3 289 km。两岸地形较对称，河谷开阔，江心有珊瑚坝砂砾洲，宽约 600 m，长约 1 800 m。水位在 166 m 时，江水绕珊瑚坝分流，河道被分隔为内外两条分汊河道，以外河为主流。据桥位下游 4.68 km 处的寸滩水文站 1892 年以来历年实测资料推算，桥位处百年一遇的洪水位为 195.00 m，相应流量 81 000 m³/s，相应水面流速 5.2 m/s，历史最高洪水位为 197.56 m（1870 年），常年 5—10 月为洪水期；枯水位为 162.05 m，一般在 11 月至次年 4 月底。三峡工程建成后，桥位区在 10 月至次年 4 月的水位将高于往年同期水位，汛期水位与河流常年水位基本一致。

河床冲刷主要发生于洪汛期。据调查，珊瑚坝 60 年无冲淤变迁，河流两岸岸线基本稳定。经勘察时了解，原长江大桥各桥墩冲刷情况均不严重：1 号墩、3 号墩、7 号墩无明显冲刷坑形成，4 号墩上游形成有长约 25 m、宽约 15 m、最大深度约 1.7 m 的冲刷坑，2 号墩、5 号墩冲刷坑规模相对较大，2 号墩形成长约有 70 m、宽约 40 m、最大深度约 3 m 的冲刷坑，5 号墩形成有长约 35 m、宽约 15 m、最大深度约 3.5 m 的冲刷坑。

桥位区为长江中上游丘陵河谷地貌。长江由西向东流经桥位区，河道较为顺直，与桥轴线方向接近于正交。河谷开阔，两岸地形对称，呈对称 U 形谷。在长江枯水季节，河床偏北位置露出河心漫滩（即珊瑚坝），宽约 600 m，长约 1 800 m，呈纺锤形。由于季节性漫滩的出现，将原先统一的河道分隔为内外分岔河道，且以外河道为主，内河道枯水季节流量较小。此外，内、外两河道的冲刷致使边滩不发育或成狭窄条带分布。枯水期外河道江面宽约 240 m，河床最低高程为 147 m（偏向南岸）。洪水期间江面宽约 950 m。

桥位区地质上属单斜构造。北岸岩层产状 110°~120°∠10°~15°，岩体中可见两

图 6.2　石板坡长江大桥与复线桥

组裂隙：① 197°~210°∠54°~62°，裂面平直，裂隙延伸长度 2~8 m，裂隙张开宽度 2~5 mm，无充填；② 60°~74°∠60°~78°，裂隙张开宽度 1~3 mm，裂面多平直，充填少量黏性土，裂隙间距 0.5~11.2 m 不等。南岸岩层产状 120°~145°∠5°~19°，岩体中可见两组裂隙：① 300°~358°∠50°~90°，裂面平直或微弯曲，裂隙延伸长度 3~30 m，张开宽度 1~3 mm，局部充填少量黏性土，裂隙间距 0.8~10.0 m 不等；② 70°∠70°~90°，裂隙张开较宽，充填少量黏土，裂隙间距 3.0~5.0 m 不等。

桥址内无区域性活断层通过，褶曲强度轻微，新构造运动以缓慢抬升为主，无历史强地震记录，未发现滑坡、危岩崩塌及泥石流等不良地质现象。桥位区长江河段河谷开阔，河道顺直，漫滩发育，新构造运动不强烈，三峡工程建成后，库岸再造作用不强烈。故桥位区整体稳定性好。长江两岸岸坡整体稳定性好，范围内地质构造简单，无区域性断层破碎带通过，无近代强烈地震发生，新构造运动轻微，无不良地质作用。桥建成后对桥位区基本无不利影响。新桥基础形式采用大直径嵌岩挖孔或钻孔灌注桩，对原大桥基础稳定性基本无不利影响。

6.1.4　技术特点与技术创新

①新桥将对应旧桥的 156 m+174 m 通航孔合为一孔，主跨采用 330 m 大跨，一举解决了通航净空难题，也使该桥跨径成为世界梁式桥之最。

②为解决预应力大跨连续刚构因恒载应力过高而难以提高跨越能力的难题，在 330 m 主跨中间创造性地采用 108 m 钢箱梁（其两端各有 2.5 m 钢 - 混凝土结合段，中间由 103 m 钢箱梁组成）。钢 - 混凝土组合连续刚构有效降低了自重，增强了连续刚构的跨越能力，也使施工的风险减少，同时大大加快了施工速度。

图 6.3　103 m 钢箱梁整体节段现场吊装　　　　图 6.4　103 m 钢箱梁段水运到施工现场

③在梁桥上首次采用钢 - 混凝土接头。该接头位于正、负弯矩交替作用区，通过巧妙地设计使其在较短的距离内实现了钢箱梁到混凝土梁内力的平顺传递。

④采用与旧桥 8 跨静定 T 型刚构外形相似的刚构 - 连续组合结构体系，解决了结构不对称及超静定次数多，以及温度变化、混凝土收缩、徐变等复杂因素对内力影响大的问题。

⑤钢 - 混凝土组合连续刚构加体外预应力有效地减小了因混凝土收缩、徐变对大跨结构后期线型变化的不良影响。

⑥钢箱梁段采用工厂制造，103 m 整体节段吊装不但在质量上有保障，更重要的是缩短了施工周期。

⑦在主跨首次采用可调可换的体外索体系作为结构措施，可解决以往容易出现的大桥在使用一段时间后下挠过大、裂缝较多的问题。

6.2 泸州龙透关大桥——龙翔沱江

6.2.1 背景与概况

为适应泸州市城市发展和交通挑战，泸州市决定修建泸州龙透关大桥。项目通过全国招标、市民投票，市政府决定选择林同棪国际（中国）公司提供的大桥设计方案。项目位于泸州市城市中心区，跨沱江，连接龙马潭区与江阳半岛，处于泸州市城市骨架路网上，是联系两个城市核心区的最主要的交通桥梁。项目建成后，近期分流沱江二桥交通压力，承担城北片区与江阳半岛西侧交通连接；中远期将与蓝田长江大桥构成南北向主通道，承担城北片区、江阳半岛、城南片区三区的交通连接。

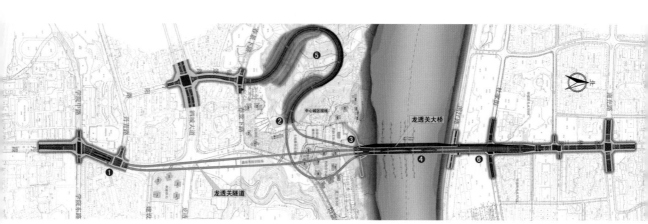

图 6.5 龙透关大桥总体设计平面图

　　龙透关大桥及连接线工程起于江阳区中心城区丹霞路,止于龙马潭区南光路,路线全长 2.604 km,道路规划为城市主干路 I 级,主线为双向 6 车道,隧道段为双向 4 车道,左、右线分行布置。全线包含:跨江大桥一座,全长 645 m,为五跨(50 m+175 m+110 m+50 m+40 m)高低拱梁拱组合体系;隧道一座,长 1 129 m,双洞布置,单洞两车道,主线下穿钓鱼台小区、紫荆西苑小区,区内均为高层建筑。

6.2.2　建设条件

　　1)河道水文及通航
　　(1)通航标准及航道尺度
　　根据业主对龙透关大桥及连接线工程提高通航等级的设计要求:桥位处沱江航道技术等级应为 Ⅲ -(3)级。由《内河通航标准》(GB 50139)可知,通航净空高度 10 m;通航净宽为:单孔单向通航净宽 $Bm1=55.0$ m,单孔双向通航净宽 $Bm2=110.0$ m。
　　(2)通航水位
　　最高通航水位为按十年一遇洪水重现期计算的水位值 241.51 m 与桥梁阻水壅高值 0.9 m 之和,即 242.41 m;枯水期最低通航水位为 224.79 m。
　　2)制约建设方案的其他主要因素
　　①龙透关大桥的规划桥位对本方案有重大影响,根据泸州市建成区现状区域分析,龙透关大桥连接线已按规划进行控制,周边再无其他接线道路。
　　②工程在龙透关处下穿已建成小区较多,且其多为新建小区,区内多高层建筑,建筑品质较好。龙透关隧道洞顶距离小区建筑基础达 30 m 以上,隧道主体结构对小区无影响,但须加强施工期间控制,确保安全稳定。
　　③工程投资较大,设计范围广,实施过程中对城区两侧已建小区有一定影响,需加强对项目的管理,确保建设资金到位和工程顺利建设。

6.2.3　项目挑战

　　①项目建设两岸高差大、地形复杂,建筑较为密集,任何接线总体方案设计均十分困难,城市交通功能节点安排困难。
　　②由于新规划桥位,不同交通方案对城市不同利益者有不同影响,需谨慎取舍。
　　③桥隧直接相连结构物多,设计上首先需满足交通使用功能需求,使结构安全、经济、合理,施工便捷,并保证附近建筑物安全。同时,桥的结构方案需与环境协调,造型创意上要有特色、美观大气。

图 6.6　龙透关大桥桥址处地形、地貌

6.2.4　技术特点与设计创新

①着眼宏观规划提供整体性解决方案。考虑区域路网结构，结合城市近远期发展和桥位两岸的土地利用开发，确定桥位和线路走向方案。

②秉承创新的设计理念，珍惜桥位资源打造地标性主桥工程。拟建桥梁横跨沱江，桥位所在的龙透关是"泸州锁匙"，享有珍贵的滨江资源，故把主桥打造成地标性滨江景观。

③秉承人性化设计理念，保护公共空间提升宜居性城市品质。桥位两侧为商住用地，且有沱江、长江穿城而过，良好的自然资源奠定了城市良好品质的基调，桥梁设计从人性化出发，提升宜居城市的品质。

④采用高低拱组合体系，满足通航需求；桥梁的造型适应了地势的需求。

桥梁方案命名为"龙翔沱江"，寓意一条祥龙穿山而出，腾跃在沱江之上，与龙透关的地名一脉相承。桥梁造型现代简练，不大的跨径却有着大跨桥的跨越感，凸显了以小见大的设计理念。拱肋从低到高脉动起伏，既显示了巨龙腾飞的有力姿态，又呼应了北低南高的地形与弯曲的河道；竖向的吊索与中心区高层建筑竖向线条相呼应，共同形成明确的节奏感。大桥有机融入环境，成为连接两岸环境的纽带。

⑤连接工程有 4 条隧道，即主线左、右隧道和 2 条匝道隧道，都为暗挖隧道。主线左、右线隧道之间的净距离为 14~33 m。隧道下穿的小区有钓鱼台小区（混凝土 F25/−1 层）、紫金西苑小区（混凝土 F25/−2 层）、土地整理安置中心（混凝土 F7）、房管局廉租房（混凝土 F7）、消防小区集资楼（混凝土 F6），且其匝道隧道上跨正线隧道，针对以上部分，进行了精心的设计，采取了保护控制措施。

图 6.7　龙透关大桥实景合成设计效果图

6.3　重庆快速路一横线——城市中环

6.3.1　背景与概况

重庆中环快速城市干线即由现快速路一纵线、一横线、六纵线、五横线构成。在城市快速成长和扩容期，其规划的前瞻性非常重要。中环规划控制，在当时就采用了基于重庆山地特色的管理创新。而该时期提出的重庆城市交通快速路网骨架和十大规划桥位通道的控制性详细规划及其方案深度，减少了大量拆迁矛盾，节约了大量工程投资，为城市快速路做出了巨大贡献。

中环道路西起渝合高速的三溪口立交（新建），经蔡家隧道、蔡家立交，经嘉悦大桥跨越嘉陵江，经悦来会展中心附近的悦来立交、赵家溪立交、鸳鸯立交，穿白鹤咀隧道后再经陡溪立交，跨童家沟，穿宝圣隧道，终点与机场路相接形成回兴立交（现宝圣立交）。道路全长 16.67 km，道路等级为城市快速路，双向 6 车道，标准路幅宽度为 44~54 m。全线主要包含悦来嘉陵江大桥 1 座、其他高架桥 6 座、互通式立交 7 座、隧道 3 座。其中悦来嘉陵江大桥为特大桥，主跨 250 m，全桥长 774 m。项目建安费用为 18.45 亿元，总投资为 25.785 亿元。

6.3.2 建设条件

中环快速干道西段位于蔡家组团，蔡家岗镇（现蔡家岗街道）处于灯塔向斜轴部及其展布地带，西面是中梁山脉，东南面有嘉陵江环镇而过。蔡家岗镇所辖区域大部分是灯塔向斜浅丘和沿江河谷地形，西高东低，地势较平坦，土壤肥沃，广布稻田、旱地、鱼塘。设计范围地形总体中部高，沿江地带低，标高170.33~375 m，相对高差205.20 m。沿江地段地势陡峭，高程一般在200~300 m。

中环快速干道东段位于渝北区鸳鸯、回兴片区，场地属丘陵地貌，沿线地形起伏较大，多为中丘地形。原始地貌为丘包与沟槽相间排列，丘陵间纵横冲沟较为发育，局部为丘间坦坝。地形严格受地质构造控制，山脉走向与构造线一致，为北北东向平行岭谷区，顺向坡较缓，坡角10°~20°，反向坡较陡，坡角30°~50°。全段线路中线地面标高为246.20~471.99 m，一般切割深度50~80 m。里程桩号K9+320位置地形最低，高程为246.20 m，里程桩号K12+945位置地势最高，高程为471.99 m，高差达225.79 m。

线路沿线主要分布亚黏土层，下伏基岩为侏罗系中统沙溪庙组的砂、泥岩层，地层岩性。

6.3.3 项目挑战

①桥梁结构与景观创新性要求：业主要求在两江新区核心区，两岸高端住宅区，修建景观与两江新区相当的桥。

②在已增加了多个桥位的情况下，桥梁规划8车道其适应性和经济性问题。

③城市新区快速路人行道的设置，高端小区市民的人行和健康出行的需求，历史文化（老大院子文物）和古树的保护。

④新区地形复杂，立交设计标准、经济性和功能都要满足要求有较大难度。

⑤隧道的地形地貌各不相同，地质条件非常复杂，控制因素多。宝圣隧道明挖基坑边坡高达28 m，土层最大厚18.0 m，边坡顶离建筑物仅2.0 m，边坡变形控制要求高；白鹤咀隧道顶部有3根天然气主管道，变形控制要求严格；蔡家岗隧道为浅埋隧道，顶部有大型水库，拱顶易塌方和涌水。设计需要考虑的应对措施要求高，设计难度大。

6.3.4 技术特点与技术创新

1）道路工程

运用绿色交通的设计理念，在道路选线阶段，结合地形地貌及道路沿线的土地规划，进行多方案的比选，科学、合理地确定大型桥梁、隧道等控制性工程的线位。使得路线与地形结合良好，减少了大填大挖对环境的不利影响，并降低了工程投资。合理选择道路标准，道路最大纵坡控制在 4% 以内，纵断面设计中尽量避免锯齿形坡段设计，从而减少运营中汽车的碳排放。

运用道路生态景观一体化的设计理念，在绿化带、中分带以及立交范围内的场地中覆盖草皮并种植银杏、香樟、桂花等高大乔木，道路的绿化率达 35% 以上，打造立体绿化的城市风景线，提升了城市形象。

中环快速干道（一横线至回兴段）全长 16.67 km，共设置平曲线 7 处，最大圆曲线半径为 4 000 m，最小平曲线半径为 1 000 m，道路曲线总长占道路全长的 48%。全线共设置纵坡 12 处，最大纵坡为 4.0%，最小纵坡为 0.5%，最大坡长为 2 150 m，最小坡长为 880 m，最小竖曲线半径约为 3 000 m，平面线形优美，平纵组合得当，道路透视效果良好，行车安全舒适。

图 6.8 一横线断面效果图

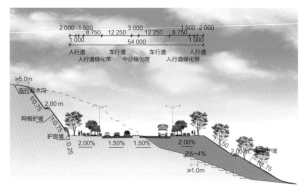
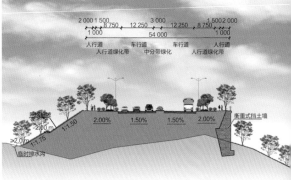

图 6.9 路基横断面图（单位：mm）

此外，在线路设计中注重对历史文物、古树的保护，在北碚蔡家附近为避开有近百年历史的清代举人院建筑和周边10棵大香樟、黄葛树，专门进行了平面改线设计。

2）立交工程

①采用宏观交通预测模型（EMME3软件）和中观交通分析模型（Paramics软件）对规划区进行交通建模分析，对立交节点进行交通量预测，为立交选型和方案比选提供了科学和有效的技术支持。

②根据相交道路的等级、交通流量预测资料，地形地貌、控制条件和工程地质情况，合理选择立交的规模和立交的形式，在满足交通功能的前提下，尽量结合地形合理布置立交匝道，减小立交规模和占地，节约工程造价。

③工程全线共设鸳鸯、三溪口、蔡家岗、悦来、赵家溪、陡溪和回兴7座立交桥。其中三溪口立交为中环快速干道与渝合高速公路之间的立交，鸳鸯立交为中环快速干道与经开大道相交形成的立交，这两座立交均设计为半苜蓿叶＋半定向匝道形式的碟形枢纽立交，交通功能强大；蔡家岗立交位于蔡家组团的中心，设计为一个标准的苜蓿叶立交，景观效果好；悦来立交则设计为一个单点菱形立交，占地较节省；赵家溪立交设计为一个"8"形两层立交，交通功能较强，投资较节省，景观效果好；陡溪立交为中环快速干道与一般城市主干道之间形成的立交，预测的交通流量相对不大，设计为一座简易的"8"形立交，占地小，投资小；回兴立交为中环快速干道与机场路（快速路四纵线）之间形成的立交，由于第四象限现状建筑密集，拆迁困难，用地受到限制，设计采用部分苜蓿叶＋定向匝道的立交形式，解决了用地难的问题。

图6.10　立交节点工程——鸳鸯立交

图 6.11　立交节点工程——三溪口立交效果图

图 6.12　立交节点工程——悦来立交效果图

图 6.13　立交节点工程——赵家溪立交效果图

3）桥梁工程

①重庆嘉悦大桥是当前国内最大跨度的矮塔斜拉桥，主跨 250 m，创新地采用了"大跨度索辅梁桥"结构体系。该桥桥型优美独特，与周边环境协调一致，成为重庆标志性的桥梁建筑。大桥桥址处风景秀丽、环境优美，东、西两岸是重庆市今后重点打造的滨江景观带。在此建桥对景观的要求非常高，同时为了满足桥下通航净宽要求，大桥主跨不得小于 250 m。针对这样的实际情况，项目创新性地提出了"大跨度索辅梁桥"设计理念，桥型综合了普通梁桥和普通斜拉桥的结构优点，通过梁和索共同承担荷载，充分发挥主梁自身的承载能力，有效减小了主梁高度，从而解决了混凝土梁桥自重荷载大的难题。大桥采用 Y 型桥塔，上塔柱向外倾斜，增强了塔身和拉索在空间的层次感，拓宽了车上乘客的视野。塔柱犹如张开的双手，迎接到来的宾客，使得桥型独特优美。

图 6.14　重庆嘉悦大桥

图 6.15　嘉悦大桥 Y 型桥塔

图 6.16　施工建设中的嘉悦大桥

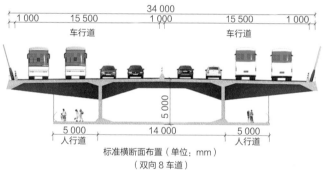

图 6.17　人车分离设计构想

②"人车分离"的设计构思拓展了城市桥梁设计新思路：嘉悦大桥要求按照双向
6 车道另加两侧各 3.5 m 人行道的设计，桥面总宽将达到 35 m。对于 250 m 主跨的索
辅梁桥，结构受力所需要的主梁高度较大，结构箱梁翼缘下侧具有足够的空间位置，
设计采用人车分流的双层交通组织设计——将人行道布置在桥面箱梁翼缘下层，这不
仅提高了行人的行走安全性，更避免了行人对桥面车辆可能造成的干扰，提高了桥面
交通通行能力，充分体现"以人为本"的设计理念。

③可单根换索斜拉索体系的应用，降低了施工难度，减少了后期维护成本：嘉悦
大桥的单根斜拉索最大索力达到 1 100 t，斜拉索成为整个桥梁设计中最重要的环节。
为了解决常规斜拉桥中斜拉索更换周期短、换索工期长、换索期间对交通影响大等问
题，设计采用了可单根张拉、单根更换的环氧填充型钢绞线斜拉索体系。换索过程中

主梁的受力状态基本不变，可在确保桥面交通正常运营的状态下进行换索施工，从根本上解决了常规斜拉索换索期间对交通影响大的难题。施工过程中成功进行了斜拉索单根换索试验。

④主梁采用大悬臂单箱单室形式，减少了施工复杂性：嘉悦大桥主梁首次采用了超大悬臂单室箱形截面，斜拉索锚固在主梁两侧，通过横隔板与箱梁顶板将索力均匀地传递到主梁上。桥面宽度 28 m，而主梁悬臂长度达 8 m，为国内悬臂长度最大的混凝土箱梁。通过开展超大悬臂索辅梁桥混凝土箱梁模型（1:3）试验研究，明确了超大悬臂箱梁框架效应、剪力滞效应、大吨位斜拉索锚下受力等特性，验证了超大悬臂混凝土箱梁结构设计的合理性。这对桥梁设计合理性以及施工可操作性起到了重要的作用，对于确保桥梁设计可靠性和服役耐久性也具有十分重要的作用。

⑤桥塔端斜拉索锚固采用钢 - 混凝土组合结构，受力方式明确，施工便捷。斜拉索的锚固方式是索辅梁桥桥塔设计的关键。嘉悦大桥斜拉索在桥塔端采用钢锚箱与混凝土组合锚固体系，以解决大吨位斜拉索锚固引起的混凝土开裂难题。大桥的成功建成证明了这一体系的可行性，积累的技术资料对同类结构的设计、施工和试验研究均具有重要的参考价值。

4）隧道工程

工程全线共有三个隧道，分别为长 460 m 的蔡家岗隧道、长 410.0 m 的宝圣隧道和长 1 240 m 的白鹤咀隧道。隧道均为双洞，单洞设 3~4 车道，最大开挖跨度达 19.8 m。宝圣隧道、白鹤咀隧道分别是当时国内最大跨度的明、暗挖公路隧道。城市隧道对洞口、洞内装饰景观要求高，设计结合周边地形特点，采用不同的洞门形式及景观绿化，做到了与自然的和谐统一。

获得的荣誉：

重庆嘉悦大桥工程荣获 2011 年度重庆市优秀工程设计奖一等奖，2011 年度美国节段桥梁协会（ASBI，American Segmental Bridge Institute）优异奖（Award of Excellence），重庆嘉悦大桥正桥工程荣获第十一届中国土木工程詹天佑奖。

6.4 重庆红岩村嘉陵江大桥与红岩村隧道——复杂三纵线

6.4.1 项目背景与概况

重庆快速路三纵线起于北碚，终接鱼洞，线路由北向南经北碚区、渝北区、江北区、渝中区、高新区、九龙坡区、大渡口区和巴南区，是重庆市主城区内一条重要的南北

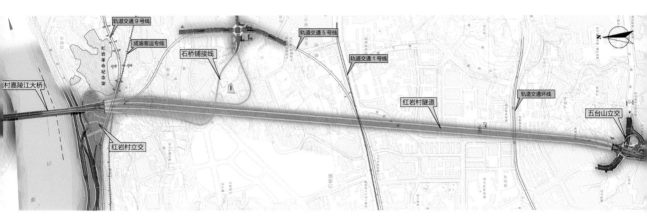

图 6.18 三纵线接线总体平面设计图

图 6.19 三纵线接线地下交通结构示意图

向快速通道。三纵线是重庆市快速路网"六横、七纵、一环、七联络"中的重要组成部分，它纵贯重庆主城八区。三纵线松石大道以北和五台山立交以南路网均已形成。

重庆红岩村桥隧工程是打通三纵线中心的关键控制性工程。项目的建设除贯通了三纵线，还将东西向的牛滴路、嘉陵路、高九路、渝州路、石杨路等连为一体，且连接轨道交通 5 号线，这是打造重庆城市立体交通网络的重要部分。红岩村大桥和红岩村隧道的建设不但可以缓解其周边过江桥梁及观音桥环道、两路口环道等区域的交通压力，共轴合建红岩村嘉陵江公轨两用桥，还可解决轨道 5 号线过江问题。该工程还将两江新区和嘉陵江以南各区连成一体，缓解渝中半岛部分交通压力，更大发挥同城效应。项目（快速路三纵线红岩村嘉陵江大桥至五台山立交段）全长 4.975 km，包含重庆红岩村大桥（公轨共建特大桥）一座、特长隧道群 1 座、立交 2 座，与轨道交通共建车站 2 座，总投资 35 亿元。

6.4.2 建设条件

项目区按成因从总体上可以分为两个地貌区，即构造剥蚀区、河流侵蚀堆积区。嘉陵江河谷段地下水属潜水，受嘉陵江水影响，水位及水量季节性差异明显，地下水可分为基岩裂隙水和松散层孔隙水两类。地下水受大气降雨入渗补给，沿线大气降水丰沛，地下水补给条件良好。通过调查访问，项目区区域构造作用较轻，未见断层通过，沿线亦未发现地面塌陷、地面沉降等不良地质现象，主要存在的不良地质现象为嘉陵江南岸岸坡卸荷带和危岩。

路线所经地区属河流侵蚀堆积及构造剥蚀丘陵区，无大型滑坡、危岩、高地应力等影响项目的重大不良地质问题。综合区域地质构造和地震活动历史分析，项目所在区域基本处于稳定状态。

桥位区嘉陵江河道通航标准为国家 III 级航道，航道通航净高标准为 10 m，单向通航净宽 55 m、双向 110 m。由于桥位处水流流向与桥轴线法向夹角大于 5°，相对横向流速最大值超过 0.8 m/s，根据《内河通航标准》（GB 50139）规定，应采用一孔跨过通航水域的桥型方案。

项目由重庆红岩革命纪念馆西侧通过。红岩革命纪念馆位于重庆市嘉陵江南畔，与"中共中央南方局和八路军驻重庆办事处旧址"（红岩村 13 号）、"周公馆"（曾家岩 50 号）毗邻，后者均为全国重点文物保护单位。整个区域分为两部分，即纪念设施和红岩公园。纪念设施为红岩革命纪念馆及红岩广场，占地 30 000 m²；红岩公园主要含八路军办事处及国民议会大楼，占地总面积 74 384 m²，建筑总面积 7 351 m²。

相邻建筑情况如下：

中国石油天然气集团有限公司的天然气隧道横穿嘉陵江，天然气管道直径 426 mm，其在嘉陵江南岸出口位于三纵线里程 K3+695 处，出洞以浅埋的形式从地表附近前行。三纵线里程 K3+610~K3+755 段均受该天然气管道影响，故建议该段天然气管道改迁。

拟建轨道交通 5 号线在三纵线里程 K3+580~K4+020 段与三纵线重合，以隧道的形式下穿。5 号线轨道面标高 239.38~243.82 m，洞顶标高 245.38~249.82 m，三纵线路面设计标高 250.19~260.05 m，两者相距 10.8~16.2m。建议设计考虑两者的相互关系。

拟建轨道交通 9 号线红岩隧道在三纵线里程 K3+680~K3+700 段下穿，该段为红岩村大桥车站，与三纵线正交，其轨道面标高 210.00 m，洞顶标高约 230.00 m。其上部为 5 号线红岩隧道，隧道底标高约 240.28 m。9 号线红岩隧道与 5 号线红岩隧道相距约 10m；三纵线路面设计标高 252.0~252.2 m，9 号线红岩隧道与其相距约 22 m。

建议设计考虑三者的相互关系。

老成渝铁路隧道在进洞口附近下穿红岩村隧道，与其正交，成渝铁路隧道底标高为 228.00 m，顶标高为 235.50 m，高约 7.5 m，红岩村隧道底标高 253.69 m，两者相距仅 18.1 m，建议设计考虑两者的相互关系。

拟建成都至重庆客运专线隧道在三纵线红岩村隧道里程 K3+800~K3+820 以隧道的形式下穿，与三纵线正交，其轨道面标高 226.70 m，洞顶标高 235.00 m。三纵线红岩村隧道路面设计标高 255.0 m，两者相距约 20.0 m，建议设计考虑两者的相互关系。

6.4.3　项目挑战

①对桥梁、隧道总体设计的要求高：项目主体工程为嘉陵江公轨两用特大桥和红岩村隧道。桥梁孔跨度大、路轨两用结构复杂；隧道长 3 745 m，是目前重庆市政道路项目中最长的隧道之一，且需集成通风系统、消防系统、监控系统、通信系统、照明系统。

②对保障城市快速路网交通运行安全要求高：项目为重庆市快速路网的重要工程，是三纵线中的一段，纵贯重庆市主城区，在设计中要充分考虑交通构成的特点，对运行速度进行检验，改善线形条件。

③对环境保护要求高：项目在主城区，沿线居民较为集中，敏感区较多，因此对环境保护、水土保持的要求较高。

④对设计单位要求高：项目重点工程多、工程投资大。根据项目特点，建设项目对设计单位的经验及履约能力、项目设计的全寿命周期成本控制及现场服务水平要求高。

6.4.4　技术特点与技术创新

①重视可持续发展、环境保护、资源节约是该项目设计的理念。

②红岩村嘉陵江大桥将规划双向 8 车道方案和下层轨道双线交通方案调整为更适合山地城市交通需求的双层道路交通方案（上层双向 6 车道与下层双向 2 车道相结合），满足了沙坪坝区和渝中区的交通需求，同时解决了红岩村立交用地与文物保护的矛盾，使交通运行更节能更安全，并节约了工程投资。

③项目终点接现状陈庹路上石杨路交叉方案，设计优化为全互通立交方案，不影响在建一期匝道，并注重生态保护。尤其在布设与隧道相接匝道时，为隧道"晚出洞"创造了有利条件，又如避免对 220 kV 高压铁塔的搬迁等都是立交设计比选考虑的重点。

1）路轨两用特大桥设计和施工关键技术

（1）大桥设计

红岩村嘉陵江大桥处于嘉陵江上，石门大桥和嘉华大桥之间，在中轴线的重要位置上，有地标的作用；大桥被周边环境视点紧密围合，和红岩村景点一起，形成了一个可供四周观赏的"舞台"；周边的高层建筑和山体上的公园，是人们观桥的重要俯视点。桥梁周边高层建筑和山体较多，桥梁设计应充分考虑俯视效果，高度上应与周边环境曲线协调，融入嘉陵江自然景观。分别分析了从两岸滨江路、周边桥梁、临近公园、周边住宅以及红岩村景区观桥的视点；同时，根据场地地形，分析了车行、船行及人行情况下，各自不同的视野影响范围。设计中充分照顾这些可观桥的视点，整体打造桥梁造型。

人的视觉距离有一定限度，超出此限度的物体，人眼将感觉不明显或不能感知。红岩村嘉陵江大桥的观赏位置决定了无论从大桥的哪一边出发，桥塔在大桥整体景观中都需要能够被看清楚，所以桥塔的造型和细节构造的层次性将对整个景观效果起着至关重要的作用。

根据大桥主跨不小于 375 m，净高不小于 10 m，以及路轨共建的功能要求，通过对各种可能适用的桥型（包括斜拉桥、拱桥、悬索桥、梁桥）进行比选，最终得出采用高低塔斜拉桥方案最为适宜。

大桥在南岸边跨跨度受到地形限制，大桥南侧主墩紧靠牛滴路布置，跨过牛滴路与嘉陵路后即与现状地面相接，因此南边跨定为 120 m。北边跨布置主要受北滨路及

两岸滨江带观桥视点 ▭　　　周边桥梁上观赏视点 ～　　　公园观桥视点（地势高）▷◁

周边住宅观桥视点（有高层建筑）⬭　　　红岩村景点观桥视点 ⬤

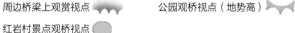

图 6.20　红岩村大桥观赏视点分析图

图 6.21　红岩村大桥（高低塔斜拉桥）效果图

规划道路影响，同时为满足轨道技术要求应布置在平面直线段范围内，故边跨长度不大于 225 m。对不平衡边跨来讲适宜的斜拉桥有高低塔斜拉桥、单塔斜拉桥、斜拉 + 钢桁梁组合体系。单塔斜拉桥主塔布置于北岸侧，在 375 m 的跨度下北岸边跨压重体量巨大，结构不经济；斜拉 + 钢桁梁组合体系结构的过渡段刚度变化过大，无索区较长，钢桁梁段体量大、造价高，整体景观也不协调。而高低塔斜拉桥方案则很好地克服了上述缺陷。经过方案设计比选，高低塔斜拉桥型应用于本桥位，技术上最经济合理，施工工法成熟，进而辅以刚劲挺拔的桥塔设计，"安全、实用、经济、美观"的综合评估最佳。因此采用高低塔斜拉桥设计方案为推荐方案。

红岩村嘉陵江大桥桥位在红岩村浓厚的红岩文化辐射范围内。红岩村原名红岩嘴，因其地质成分主要为侏罗纪红色页岩而得名。抗日战争时期，中共中央南方局和八路军驻渝办事处设于红岩村，从此，红岩村这片红色的土地就成为革命的象征，也是红岩精神的发祥地。大桥造型设计延用了红色页岩所承载之红岩精神的内涵，并吸纳了歌乐山烈士雕塑之神韵。

桥塔的设计灵感来自于设计师对"红岩"这种坚定团结、爱国奉献革命精神的解读，桥塔塔身层层叠叠的造型和红岩片石形态如出一辙。桥塔上竖向线条肌理再现了红岩片石的原始形态，威严硬朗，彰显出桥塔的挺拔和坚毅；同时竖直向上的直线也和不断发展的城市线条相符，整体造型感十分强烈。历经千年仍岿然不动，饱受风雨仍风骨犹存；铿锵有力而韵律十足，热情奔放又庄严典雅，气势恢宏、浩气长存的意境，恰能符合本桥所处位置的特殊寓意。

大桥推荐方案具有以下特点：

①技术成熟：斜拉桥是我国大跨径桥梁最流行的桥型之一。我国 20 世纪 70 年代中期开始修建混凝土斜拉桥，改革开放后，修建斜拉桥的势头一直呈上升趋势。目前国

图 6.22　红岩村大桥（高低塔斜拉桥）夜景效果图

内斜拉桥数量居世界前位。20 世纪后期以来，斜拉桥的建造突飞猛进，已成为现代桥梁的主流桥式。斜拉桥跨越能力强，并且可通过桥塔的布置来适应景观、跨度、桥面宽度等要求，达到经济和景观的和谐统一。而红岩村嘉陵江大桥的跨度在其经济跨度范围内，因此斜拉桥是适合该桥最有竞争力的桥型。公轨两用的双层斜拉桥结构体系在世界上已有多起成功应用实例，如丹麦厄勒海峡大桥，日本柜石岛桥、岩黑岛桥，以及我国芜湖长江大桥和武汉天兴洲长江大桥。这说明路轨两用的钢桁梁双层交通斜拉桥无论从设计还是施工考虑，都已经成为一种成熟的桥型。

②结构合理：受到通航净空的要求限制，以及桥位周边地形条件的影响，大桥南、北两岸边跨跨径受限。采用高低塔斜拉桥方案正好能适应桥跨布置的特点，充分发挥斜拉索的效率，达到降低工程投资的目的。

③与周边环境协调：斜拉桥主塔较高，一根根拉索与主梁相连，视觉效果大气、有力。桥塔设计突出地域文化特色，给人欣欣向荣的感觉。

④对环境的影响：桥梁的跨越能力较大，受桥下净空和桥面标高的限制少；施工中不需要搭设过多支架，高空作业较多，一般采用悬臂施工，对地面及周边环境影响较小。

⑤稳定性：斜拉桥具有较高的整体刚度，尤其是抗扭刚度；其抗风稳定性较好，在施工和成桥运营阶段均具有足够的抗风稳定性。

（2）关键技术措施

为了确保列车行驶的安全性与乘坐的舒适性，对桥梁在运营过程中的结构变形、结构振动提出更高的要求，主要表现在结构竖向刚度、横向刚度、扭转刚度及梁端转角等技术指标的控制上。

图 6.23 歌乐山烈士群雕

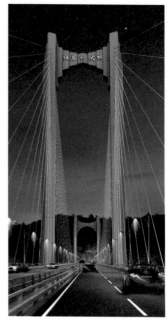

图 6.24 桥塔红色页岩元素

①整体布置上，通过在边跨侧设置辅助墩，有效减小中跨结构挠度，同时提高了边跨主梁的结构刚度，减小梁端转角变形。

②适当加高桥塔的高度，提高了斜拉索与主缆给主梁提供的竖向支撑效应，减小结构在活载作用下的竖向挠度。

③由于在车辆偏载作用下主梁将会发生扭转变形，过大的扭转变形会增加轮轨间的横向力，从而发生脱轨现象。因此主梁上、下层桥面均采用正交异性桥面板结构，实现桥面板与桁架组合受力，充分利用桥面的宽度，增加结构的横向刚度以及扭转刚度，提高列车运营的安全性。

④弯曲河道桥梁结构的选择及其防撞措施的采用。桥位处于弯曲河道，具有以下特点：桥址水位变幅大，从最低通航水位 160.5 m 到最高通航水位 196.15 m，差 35 m 之多。不同水位期，桥区上下船舶航线会出现交叉。在高水位航行的条件下，桥塔虽然不在航线上，但仍存在船舶撞击该桥墩的可能，需进行防撞设计。大桥采用主动防撞设计理念，合理采取加厚桥塔、加大墩箱室截面尺寸等措施有效增强桥墩自身防撞能力，使结构安全可靠。

2）特长隧道设计关键技术及对策措施

①系统性及安全性对策措施：虽然根据《公路隧道设计规范》（JTG D70）的内容要求及业内普遍认知，双向 6 车道的特大跨度隧道内设置紧急停车带不是必需的。但鉴于项目的重要性和特点，特别是从特长隧道的防灾救援角度出发，为提高系统运

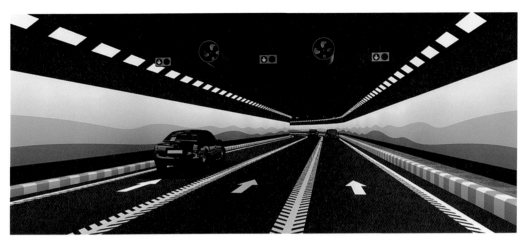

图 6.25 特长隧道段示意图

输上的效率和可靠性，降低运营期间的事故发生率，在综合考虑后，在工程造价增加不多的情况下，设置了 4 车道特大跨度紧急停车带及车行疏散通道、人行通道、竖井等逃生通道以提高项目的服务功能，为防灾救援提供可靠保障。

②功能性：特长隧道内是一个封闭独立的空间，空间局限性较大，感光度较差，司乘人员长时间处于单调的状态易疲倦。为缓解和弱化行车的单调性，在隧道边墙上进行了绘画装饰。

③项目施工过程中对既有构筑物的影响及对策研究：三纵线为市区南北向交通大动脉，分别穿行于九龙坡区及渝中区城市两大中心区域，区内构筑物密布，隧道顶部地面房屋、道路、管线密集，隧道穿越密集建筑群在所难免。确保不发生地面过量沉降、过量的建筑物差异沉降且避免塌方，保证建筑物、道路及地下管线等的安全是本隧道建设成败的关键。

④地下立交建设的关键技术及对策措施：项目位于城市中心区，构筑物密集，区域路网、轨道交通及本项目呈三位一体的空间布设。为提高三纵线的道路服务水平，优化接线条件，达到缓解区域交通压力的目的，立交设置主要有两处，为红岩村立交和石桥铺接线段。其中红岩村立交与主线及嘉陵路之间高差达 46 m，地形狭窄陡峻，轨道交通、铁路、地面道路和红岩纪念馆保护区均制约立交匝道的布设，特别是轨道 5 号线红岩村车站与本项目形成了立体交叉架构；而石桥铺地区与本项目之间的高差更达 55 m，同时，该区域内的土地基本出让完毕，除部分土地正在平场整治和部分建筑正在修建外，城市集散群已逐渐形成。如何在有限的平、立面空间内布设匝道，克服巨大高差、满足规范及行车安全的需求，同时以最简单、风险低、投资最省的布置形式较好地满足城市规划，降低区域路网的交通压力和减少对地表密集城市构筑物的干扰，充分利用地下空间的拓展潜力，协调处理好与各个轨道交通之间的关系，是项目建设成败的关键。

第7章 城市交通工程艺术性和生命力

7.1 天津大沽桥——日月同辉

7.1.1 背景与概况

天津市中心距海岸约 50 km，距离首都北京约 120 km。天津是从海上通往北京的咽喉要道，自古就是京师门户、畿辅重镇；它同时又是连接三北——华北、东北、西北地区的交通枢纽，从天津到东北的沈阳、西北的包头，南下到徐州、郑州等地，其直线距离均不超过 600 km；它还是北方十几个省市通往海上的交通要道。天津拥有北方最大的人工港——天津港，有 30 多条海上航线通往 300 多个国际港口，是从太平洋彼岸到欧亚内陆的主要通道和欧亚大陆桥的主要出海口。其地理区位具显著优势，战略地位十分重要。

2004 年，天津市决定在海河综合开发工程中有所突破。大沽桥是海河综合开发工程中第一座新建桥梁。大沽桥对于天津市具有重要意义，业主希望让大沽桥成为天津市改革开放的象征，为保证桥梁建设工程圆满成功，故对桥梁设计与建造有更多要求。

大沽桥位于天津市几何中心与和平区、河北区交界处的海河上，连接河北区的五经路与和平区的大沽北路。海河两岸综合开发规划根据海河沿岸的历史发展沿革和建设情况将海河沿线划分为四大段落：

传统历史文化区——由北洋桥至南马路。该地区成为延续天津城市历史脉络的核心区域。规划依托传统的文化资源大力开展旅游和商贸活动，赋予这一地区活跃的生命力。

都市消费娱乐区——由南马路至赤峰道。规划依托现有设施的基础，增强文化、娱乐等休闲活动设施建设，增强活力，形成现代化城市独有的中央休闲区。规划开辟大型的绿地与广场，创造出与城市中心相称的空间形象，使这一地区成为都市形象的象征。

中央金融商务区——由赤峰道至奉化道。规划在这一带则侧重于商务、办公、信息、金融和展览等现代化经济中心城市的功能设施的建设，创造吸引国际化企业的良好商务环境，使其成为现代化经济中心的突出标志。

智慧城——由奉化道至外环线。规划以可持续发展和生态建设为主题，在这一带构造新型的城市形态，重点建设以先进的网络技术与智能化技术为核心、以松散的城市形态创造具有高产出和高附加值的新产业区，并结合柳林风景区建设综合性游憩设施。

大沽桥位于都市消费娱乐区，是海河开发启动的核心节点，是海河广场及和平路(国内最长的商业步行街)地区的纽带。按照天津市城市总体规划，该地区将建设成天津市的标志性景观区和都市消费娱乐中心区，并成为天津市中心商业区的重要组成部分。

大沽桥作为海河两岸综合开发建设的重点工程，要求采用新工艺、新技术，除满足桥梁的功能要求外，还要强烈地突出其景观效应从而成为标志性建筑。它不仅要成为海河上的一处独特景观，更要与周围滨水中心商业区的新形象和滨水市民广场的新景观等有机地融为一体。

桥梁采用不对称外倾钢梁系杆拱桥方案；桥梁全长 154 m，跨径布置为 24 m+106 m+24 m；桥面宽为 30 ~ 59 m，机动车道宽为 24 m，两侧均有 5.5 m 的镂空部分，在镂空部分的外侧为观景平台；车行道为双向 6 车道，设计时速 40 km/h；规划河道为 Ⅵ 级航道，要求桥净空大于 4.5 m，主航道净宽 30 m。

图 7.1　天津大沽桥全景

7.1.2　项目挑战

项目所在区域既是天津的中心地带也是领事馆区，附近还有大沽炮台遗址（全国重点文物保护单位）。海河宽约 110 m，河中要通过游轮，通航净高 4.5 m。桥位两端接线海拔低，桥区地质松软。桥梁的修建不能影响街区，这也是天津市政府提出的"实施海河两岸的综合开发改造，形成独具特色的服务型经济带和景观带"的要求。综合考虑，业主要求修建较为特殊的景观桥。

7.1.3　技术特点与技术创新

在海河综合开发改造的各项工程中，桥梁作为大型建筑物，是这个景观带上的重要元素。大沽桥的显著特点有：造型的新颖性、结构的特殊性和强烈的景观性。

（1）造型和结构

桥梁通常需要有突出于桥面的结构才能形成标志性效果。大沽桥虽然跨度不大，但是技术上并不比大跨度桥容易。

大沽桥采用了非对称外倾高低拱多索面钢拱结构。这在世界范围内是首次采用的桥型，桥型方案具有突破性意义。这座长 106 m、宽 60 m 的桥，在满足所有几何条件后，航道上主梁的高度仅有 1.3 m，梁体就像一片刚体平板。两条拱以两片上凸的弧形一高一低向外倾斜，利用空间吊杆将桥面荷载传递到拱肋。这在受力上，两片拱肋的空间吊杆对横梁形成了多点支撑，横梁的高度就可以减小，从而满足桥面系不超过 1.3 m 的要求。

两岸地质松软，针对天津地区中强地震荷载背景进行设计也是该桥的特点。在结构力学上，充分利用了桥面的横向刚度和拱的竖向刚度，使这个看起来极其窈窕的结构具有四级抗震等级。

（2）景观特点

桥梁景观步道的设计十分考究。桥梁在功能上既要满足车辆通行，又要满足行人通过。对于天津城市核心区人行方案设计，在考虑通行基本功能的基础上提供了游览功能。结合大、小拱平面投影区域大小的不同，景观台的尺寸又有所不同，使空间富有变化。景观步道与车行道间有 5.5 m 段为镂空梁，人、车分离，为行人提供安全保障。

功能上，变宽度的弧形人行通道不仅作为行人的通道，也成为海河风景带的观景平台。景观上，两个不对称的拱圈，大拱圈拱高 39 m，面向东方，象征太阳，小拱圈拱高 19 m，面向西方，象征月亮，象征天津美好的未来与日月同辉。桥体的镂空设计也与景观风景带的功能一致。行人走在步行桥两侧都能直接看到流动的河水。海河建成亲水堤岸，大沽桥也成了一座亲水桥。

总之，大沽桥作为海河两岸综合开发建设的重点工程，除满足桥梁的功能要求外，以新颖的结构及造型，强烈地突出桥梁的景观效应，成为标志性建筑。

图 7.2　标志性的大沽桥景观

图 7.3　大沽桥桥拱特点

图 7.4 大沽桥景观步道效果图

7.1.4 创新成果评估

2006 年，在美国宾夕法尼亚州匹兹堡召开的年度国际桥梁大会上，天津市大沽桥荣获世界著名桥梁大奖——尤金·菲戈奖。这是中国继 2002 年江苏江阴长江大桥、2004 年上海卢浦大桥获得此奖后，再次获得的全球桥梁设计建造的最高奖。颁奖辞这样评价大沽桥："中国天津的大沽桥以想象和创新，在桥梁工程界取得了杰出的成就，并成为当地标志性建筑。"

获得的荣誉：

大沽桥桥梁工程荣获 2008 年度全国优秀工程勘察设计奖银奖，2008 年度全国优秀工程勘察设计行业奖市政公用工程一等奖，EUGENE C. FIGG, JR. MEDAL for SIGNATURE BRIDGES（to T.Y.Lin International Chongqing）尤金·菲戈奖等。

7.2 南宁南湖水下隧道——交通与观光隧道

7.2.1 项目背景

南宁市地理位置优越，处于中国华南、西南经济圈和东盟经济圈的结合部，是环北部湾经济区的重要经济中心，具有得天独厚的区位优势和地缘优势。它也是该地区重要的交通枢纽，以及泛珠三角经济圈西部区域性中心城市。

南宁青山路南湖隧道位于南宁市中心区东南部，在南湖大桥以南约 1.2 km 处，是五象新区、青秀山风景区等进入中心城区的重要通道。项目所在地为南湖公园中心区域。南湖隧道工程下穿南湖广场。南湖广场东接南湖公园。

7.2.2 项目建设条件

1）工程建设条件、沿线建筑物情况

南湖隧道工程东、西两岸均有现状道路，交通条件十分便利。建筑材料钢材、砂及沙砾料可就近采购。

沿线建筑物主要分布于园湖路口和青山路口。隧道北边园湖路和星湖路交会角处为一栋 13 层的建筑物（南湖饭店），园湖路右侧为一片别墅生活区；园湖路正对南湖公园大门，大门右侧有一个小规模的公交汽车停车场和公园游乐设施，路两侧均为较密集的已修建筑物。南边青山路和双拥路在南侧也交会形成一个丁字形路口，道路宽度均为双向 6 车道加双侧非机动车道、人行道，道路两侧均有已修筑建筑物。

2）项目对主体环境影响的控制

南宁以"中国绿城"为城市的名片，南湖公园绿地是名片上的标志之一。南湖公园是一个融合了水体景观、亚热带园林风光的特色公园。南湖广场是中华人民共和国文化部授予的全国首批特色文化广场，音乐喷泉、水幕电影、文娱表演是广场的特色。"十一五"期间南湖公园还要续建两个项目，一个是服务民歌节的配套项目即南湖水上舞台，一个是环湖雨林景观带规划建设项目。南湖隧道项目的建设应最大限度地减少对南湖公园现状的影响，隧道与公园环境和谐统一应作为设计的主要控制目标。

7.2.3 设计构思

从交通分析预测出发确定隧道技术标准，应用现代交通构筑物"人性、智能、环保"的设计理念，实现隧道南、北向贯通的交通功能与南湖公园环境协调统一。

1）道路设计

南湖连接线西北岸接现状南湖公园大门路口，从南湖穿过或跨越，东南岸靠近南湖广场。如何保护公园的自然环境和设计的人性化是接线设计的重点，对此提出以下解决方案：

①接线平面尽量早下地，让南湖公园有尽可能大的空间；空间上分离接线与南湖公园的关系，将工程对公园的影响尽量降到最低。

②由于接线短，隧道要尽量浅埋，纵坡要尽可能小。

③利用城市交通工程分析成果，南、北路口均平交，强调交通资源有限控制理论。

2）桥梁与隧道方案比选

项目设计起点位于双拥路—青山路路口，终点位于园湖路—星湖路路口，中间穿越南湖公园和南湖。穿过南湖的方式有桥梁方案、隧道方案两种。根据业主要求进行了隧道方案、桥梁方案比较，把城市历史、城市空间协调性、工程安全、经济性、施工难易程度、接线难易程度等方面作为方案比选重点，考虑到接线位置附近已有一个公园人行桥，并且已成为南宁市人民心中的标志，因此推荐隧道方案。

图 7.5　南湖隧道项目位置示意图

图 7.6　南湖隧道方案总体平面设计图

3）隧道设计方案

①隧道公园段：采用钢筋混凝土闭合箱型结构，中部采用连续开孔，让隧道成为小于 500 m 的四类隧道，采用自然通风，减少隧道通风及消防的费用。隧道通过开孔与公园植物、天空联系，丰富了隧道内的景观效果，使绿化设计成为隧道的一部分。

②隧道湖底段：湖底段采用超浅埋水下隧道方案，主体结构采用钢筋混凝土结构，利用湖水深仅 1.0 m 条件，顶部铺设拱形亚克力（PMMP）承压材料，透光率达95%。此段设计打造为景观隧道，具有独特的行车景观效果。

③公园段入口：利用湖中隧道开挖弃土堆高入口明洞，减小隧道纵坡以争取空间，最大限度恢复公园绿化，维护和建立人与自然的相对平衡关系，使工程顺应自然，融入自然。

④隧道结构设计：隧道主体结构采用带趾板钢筋混凝土闭合箱型结构以及顶部为拱形承压有机玻璃下部为钢筋混凝土槽的组合结构形式。混凝土采用 C30 抗渗混凝土，抗渗等级为 S8。两侧趾板为解决上浮效应回填压重。

⑤隧道排水工程：设 2 处雨水泵房，设置 3 台潜水泵（2 用 1 备）。隧道进出口位置设置横截沟、排水暗沟。

7.2.4　关键技术特色

①公园段开口：节约了通风设备空间，减少了道路隧道纵坡，满足了消防要求，运营节能，美化城市空间。

②亚克力承压材料技术特性：亚克力板材抗冲击力、承压力强，耐酸碱性能好，自重轻，透光性佳，可塑性强，易清洁，耐火性稍差。设计 1.5 m 水头的观光隧道顶采用亚克力材料很容易实现，且造价合理。

③隧道横断面标准：采用 4 车道隧道还是 6 车道隧道标准是设计的另一个关键问题。本设计以道路交通资源控制的方法确定了其标准，并结合南宁实际情况推荐采用远期双向 6 车道，近期双向 4 车道加摩托车道。

④综合防水技术：工程防水等级定为一级，防水设计遵循"以防为主、防排结合、多道防线、因地制宜、综合治理"的原则，引入了防排结合和可维护的思路。以结构自防水为根本，以接头防水为重点，并以设置附加防水层的方法来保证结构防水，结构防水混凝土抗渗等级为 S8。

图 7.7　公园段隧道效果图

图 7.8　湖底段隧道效果图

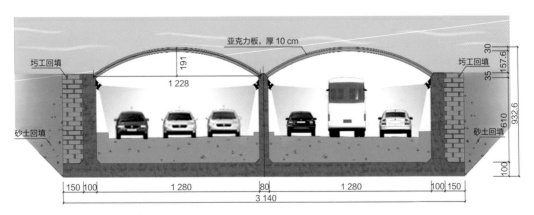

图 7.9　隧道结构图（单位：cm）

⑤基坑支护技术：工程埋深较浅，结合周边地质情况，隧道施工拟采用明挖法实施，基坑支护相对简单。明挖临时边坡采用 1:1.5 的坡率放坡，待结构强度达到 80% 方可回填。

⑥抗浮措施：超浅埋水底隧道结构的抗浮措施是在侧墙和中墙设抗浮桩。对抗浮措施进行了分析，认为采用明挖施工条件较好，可考虑在两侧设趾板，在趾板上用圬工回填压重的方式来达到抗浮效果，这样工程费用较低，并且大大减少了水对结构侧墙的直接作用，对结构防水还起了一定作用。

7.2.5 方案特点

隧道设计方案采用亚克力有机玻璃透明顶的创意和公园入口段的立意新颖，将城市功能、文化属性、现代科技有机结合起来。在满足南宁"城市标志"环境功能的同时利用定向分叉隧道实现"三纵线"交通功能需求，使过往车辆充分接触到南湖风貌，达到"新城市、新空间、新生活"的设计目标。

7.3 "南京眼"青奥公园步行桥——艺术与文化传承

7.3.1 项目背景与概况

2012 年初，南京市政府决定以举办 2014 年第二届世界青年奥林匹克运动会为契机，在青奥村地区新建众多文体设施，为青奥会上的交流提供载体，给城市留下宝贵的奥运资源。

"南京眼"青奥桥为人行桥，总长约 600 m，其中跨夹江段长 300 m、宽 10 m。位于滨江的青奥森林公园和青奥轴线景观的交汇点。将建设青奥村地区城市标志物及横跨夹江的人行步桥结合，是业主的基本想法。

鉴于该项目的标志性，2012 年 3 月，业主对"南京市青奥村地区城市标志物及跨江步行桥设计"进行全球方案征集。林同棪国际（中国）公司与国际著名的 Zaha Hadid 建筑事务所（ZHA）组成联合体投标。林同棪国际（中国）公司桥梁结构工程师赴伦敦与 ZHA 建筑师联合办公完成设计成果。2012 年 5 月 3 日，业主组织国内著名规划、建筑、景观、桥梁专家对六家设计单位提交的方案进行评审，林同棪国际（中国）公司与 ZHA 联合提交的索网桥方案得到专家和业主高度评价，专家评审排名第一。

图 7.10　"南京眼"青奥桥效果图

7.3.2　创新设计与技术特点

1）总体方案结构合理，规模适当，充满文化内涵和创意

方案征集文件要求桥梁满足 150 m×10 m 通航净空要求，两端接规划场地。方案设计采用主跨 240 m 悬索桥，桥梁总长约 600 m，2.4% 纵坡一侧引道长 300 m，3.5% 纵坡一侧引道长 124 m。采用最合理的跨度和坡度满足了通航要求，同时考虑了人行的舒适性。为降低工程造价，桥梁的宽度根据索网的变换由根部 10 m 变化到跨中 6 m，同时使结构线条更加流畅、舒展。

2）结构设计理念先进

本方案为无背索环形塔索网桥，主跨结构受力类似于悬索桥，桥塔受力类似无背索斜拉桥，结构体系新颖，设计理念先进。城市标志物与人行桥的结构耐久性及维护设计理念类似，除了施工可行性上的考量，材料的选择也和结构的生命周期息息相关。靠近水面和地面的结构主要采用混凝土，上部结构主要采用钢结构。混凝土的耐久性通过加厚保护层、降低水灰比和使用外加剂得到提高。钢结构的涂装可以采用更高标准的海洋环境涂料，满足二十年维护一次的需求。缆索系统应用最新的防腐技术：镀锌钢绞线，Z 形单股封闭式，专有密封胶阻塞空隙，外部包裹。拉索锚头和索夹使用不锈钢材提高防腐性能。

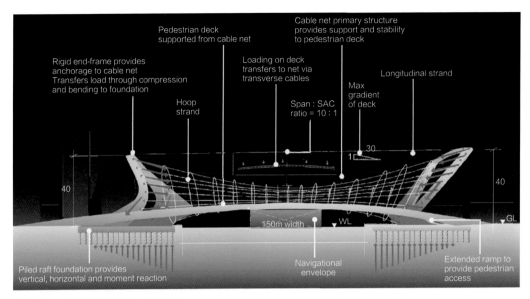

图 7.11 索网桥方案受力示意图

图 7.12 桥上人行景观效果图

3）功能完善

人行桥桥塔造型与城市标志物相辅相成，由奥运标志五环变化而来，具有极高的标识性，在青奥期间为宣传南京城市起到了巨大作用。同时桥梁考虑了非机动车行驶的合理坡度，以及满足无障碍通行的要求。城市标志物下规划设计了广场，为游客提供游览休憩的场所。

7.3.3　创新与艺术性

"南京眼"青奥公园步行桥跨度为 240 m，通过两个结构环和轻质拉索支撑整个步行桥面。桥的入口处被一个环状结构的标志雕塑突显出来。

该桥的造型设计是想通过一个刺破天际的地标以引人注目，正如其"南京眼"之名。该桥梁形态内在的流动性产生了一种横向和纵向的舞蹈般的动势，它以最大角度面对着青奥中心，起着引领周围城市环境的标志性作用。它作为一个"镜框"在青奥轴线上聚焦于长江对岸的自然景色，给商业区带来一股清新的空气，在这个宽敞的公共空间中创造出工作与休闲的交汇。该桥梁看似剪影般的造型生动地通过各种变化和节奏对接了整个城市周围环境。

7.4　重庆广阳岛环岛路——生态智慧小区

7.4.1　项目背景概况

重庆广阳岛是长江上的一个沙洲岛，面积 6.44 km²，为长江流域第二大内河岛，仅次于上海崇明岛。广阳岛位于重庆市主城区东面长江铜锣峡的出口处，在明月山、铜锣山之间，距离市中心 11 km，交通上处于内环和绕城高速公路之间。全岛江水环抱，白鹭栖息，自然生态一流。随着重庆城市发展，广阳岛变得非常有开发价值，业主决定开发该岛，在岛上建设以别墅和花园洋房为主的高端住宅区。岛上用地面积 593.01 hm²，总建筑面积 100 万 m²，规划居住人口 2 万人。

广阳岛作为面向重庆主城及周边地区的大型生态公园之一、高品质居住区，集生态居住、商务会议、休闲旅游、运动健身为一体，是生态开发展示区。广阳岛环岛滨江路全长约 10.8 km，双向 2 车道，贯穿规划中的环岛滨江公园，是一条景观优美的服务性支路。道路的设计以追求绿色、生态、景观和交通宁静化为目标。

图 7.13　广阳岛环岛路总平面图

7.4.2　项目建设条件

广阳岛平面形态近于梭形，四面环江。其地貌特征为侵蚀剥蚀及冲击台地。岛内侵蚀剥蚀丘陵与冲击台地地貌分区界线较明显，侵蚀剥蚀丘陵地貌分布于项目调查区中部及西南侧的大部分区域。地貌形态主要受构造及岩性控制，加之受长江及广阳岛内河切割影响，总体地形形成了以长江右岸的龙头峰至乌梢丘一线为高势位区，而以长江及广阳岛内河为低势位区的倒 "V" 形地形。广阳岛地面最高点在庙基岗一带，高程约为 281.78 m，最低点在长江漫滩一带，高程约为 160.00 m，相对高差 121.78 m。岛内居民区分散分布，建筑设施较少，区内斜坡大部分为农业用地，果园和苗圃较多，农业经济较发达。

沿江地区多为滑坡及崩塌中等发育区，除此之外，其余大部分用地地质状况稳定，多沙岩和泥岩。据《中国地震烈度区划图（1990）》及《中国地震烈度区划图（1990）使用规定》，该区地震基本烈度为Ⅵ度，属一般地震地区。

广阳岛现交通条件比较便利，与岛外联系主要通过广阳岛大桥，所连接的通江大道为城市主干道，岛内有低等级公路沿南侧贯穿全岛，路面为水泥混凝土或碎石面层。

7.4.3　项目挑战

①生态智慧小区交通设计是新概念、新思想，如何在设计中体现高端小区智慧人性化设计真正的交通需求，是设计团队需要深入研究的。
②长江上游三峡库区滨江环岛路防洪与库区关系处理是设计面临的挑战。

7.4.4　创新理念与技术特点

1）静态交通设计理念
重视人性化和行人交通条件，用静态交通设计理念，打造高端小区人居生活环境。
研究并吸取了国内外宁静交通的设计经验，按照广阳岛的用地性质和路网情况，将环岛路的各交叉口分为了五个等级：

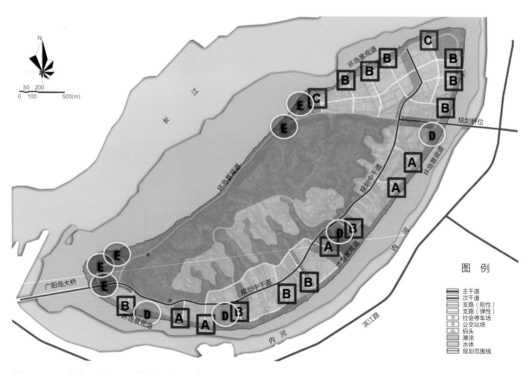

图 7.14　节点宁静交通等级分布示意图

（1）A类节点

A类节点主要应用于学校区域附近，通过抬高人行过街横道、设置交叉口转盘等强制减速手段控制车辆行驶速度，保证学校周边的交通环境。

图 7.15　A类节点十字路口示意图

图 7.16　A类节点 T 字路口示意图

（2）B 类节点

B 类节点设计大量采用了 B 类节点方式，在交叉口区域通过设置中分带和抬高人行横道等宁静交通处理方式，同时配以景观绿化，打造广阳岛特有的交通环境。

（3）C 类节点

C 类节点主要应用于周边用地为商业办公用地的交叉口，通过抬高人行过街横道，在交叉口内部区域铺设地砖等方式，使得该区域保持了良好的交通环境和人行环境。

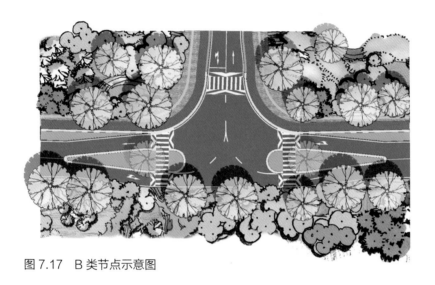

图 7.17　B 类节点示意图

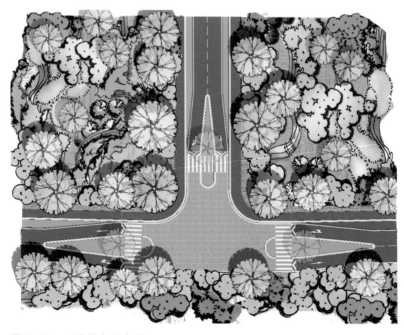

图 7.18　C 类节点示意图

（4）D类路段

D类路段主要用于路段两端交叉口间距较大的区域，在路段中央设置中央隔离带，配以景观绿化设计，丰富道路形式。

（5）E类路段

E类路段主要应用于道路转弯处，通过限速、设置中分带等方式控制车行速度，保证行车安全。

图 7.19　D 类路段示意图

图 7.20　E 类路段示意图

2）流畅的交通组织

广阳岛内部的交通组织是通过道路交通一体化设计理念，将机动车、非机动车、行人隔离，令其各行其道。交通组织同时与道路两侧的公交首末站、公交车站、路外停车场、路边停车带有效地结合在一起，使得各种交通方式的衔接顺畅。

道路车行道在靠近交叉口区域通过中央隔离岛分隔，同时配以各种宁静交通设计，使得交叉口区域车速减缓、噪声减小，使人行过街安全性大大提高。车行道两侧分别设置绿化隔离带、人行道；在道路其中一侧设置自行车道，并铺设彩色路面以示区别；结合路段交通条件，设置少量的路侧平行式停车带。

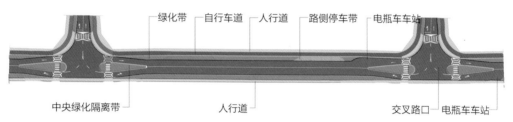

图 7.21　路段交通组织示意图

根据道路在城市路网中的地位，结合分区规划中各地块的用地性质和功能，综合预测和分析各相交道路上的交通量，运用基于道路通行能力手册（HCM2000）的交通仿真分析软件 Synchro，结合路口每个流向的流量，确定交叉口几何形状，以此为基础进行交叉口宁静交通设计。

图 7.22　交叉口宁静交通设计方案效果图

3）用生态低冲击设计理念

道路车行道和人行道间的绿地下设盲管，可收集地面雨水，同时起到对初期雨水的过滤处理作用。车行道两旁的绿地除了在景观上美化道路之外，还可以过滤初期雨水，并将干净的雨水汇集到城市湿地。当雨量过大时，则使用隐藏在绿地中的雨水篦排水。

岛上大面积的绿化使得它可以为小型野生动物提供栖息空间。在规划城市绿网的同时，也给岛上生活的野生动物留下了走廊。

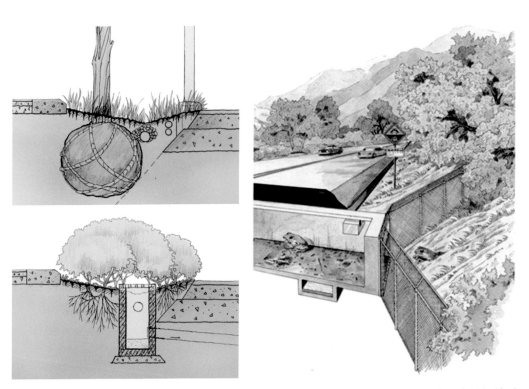

图 7.23 雨水篦排水

图 7.24 城区段环岛路穿过规划中的指状绿地时留设的涵洞式生物通道

第8章　城市交通规划设计机遇与挑战

8.1　重庆悦来会展城一体化交通规划

会展业是一个新兴的服务行业，其影响面广、关联度高。会展经济逐步成为中国经济发展的新增长点，会展业也逐步成为发展潜力较大的行业之一。全国明确提出要将会展经济作为新的增长点的城市多达三四十个。城市会展中心的交通设计是会展中心硬件的关键项之一。

8.1.1　项目背景概况

2007年3月，党中央做出"314"总体部署，为重庆发展导航定向，要求重庆加快建设成为长江上游地区的经济中心、西部地区重要增长极。2008年9月重庆市政府常务会议审议通过了《重庆市人民政府关于加快商贸流通发展的决定》，明确提出打造"会展之都"的工作思路。2009年1月，《国务院关于推进重庆市统筹城乡改革和发展的若干意见》明确提出将重庆打造成长江上游地区的"会展之都""购物之都"和"美食之都"，在重庆形成区域商贸会展中心。同年5月，重庆市政府第37次常务会议上提出，鉴于渝北区悦来地块具有对未来"两江新区"开发带动作用明显，以及交通条件便捷、配套设施较完善、土地成本较低等优势，确定在渝北区悦来地块建设重庆国际博览中心。2010年5月，国务院批准设立重庆两江新区，这为重庆对外开放和发展提供了更广阔的平台。在此条件下，根据《重庆市城乡总体规划2007—2020年》，将建成悦来会展城作为两江新区发展目标之一。2015年，悦来新城被确立为全国16个海绵城市试点地区之一，它包含了悦来会展城、悦来生态城以及智能互联城三部分。

悦来会展城西临嘉陵江、东接中央公园、北为规划的宝山大桥、南接嘉悦大桥，总面积8.68 km²，是基于会展中心圈理念，集展览

图 8.1 悦来生态城效果图

中心、会议中心、商圈、酒店、办公楼、高级住宅、景观公园等多功能于一体，国际化、智能化、生态化的国际会展城。其中最主要的建筑"重庆国际博览中心"位于会展城中心区域，占地 1.3 km²，总建筑面积约 60×10^4 m²。当时国际博览中心周边路网建设已全面启动。悦来生态城总占地面积 3.44 km²，位于悦来会展城南部，它以"水蕴山城"为理念，体现"以山为形，以水为蕴，山水共生"的意境，结合现状地形地貌，形成滨江优美的生态城风貌，打造生态、环保、节能、自然、宜居、和谐的人居环境。悦来片区北部约 6.7 km²，拟打造一座智能互联城。

8.1.2 规划设计主要内容

项目结合国际博览中心的规划，提出了国际博览中心及悦来新城未来的交通发展目标，借鉴国内外会展中心和区域综合交通规划经验，创新性地提出了一体化的交通规划理念，从道路系统、慢行系统、停车系统、公交系统和智能交通系统五个方面，完成了悦来新城一体化综合交通系统的规划和工程设计。规划设计成果在工程建设上得以体现：

悦来会展城道路系统规划；
悦来会展城慢行系统规划及设计；
国际博览中心对外交通引导系统规划设计；
国际博览中心场内交通规划及设计；
悦来新城停车系统规划；
智能交通系统规划；
公交系统规划。

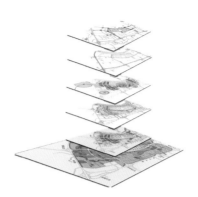

图 8.2　交通规划分析图

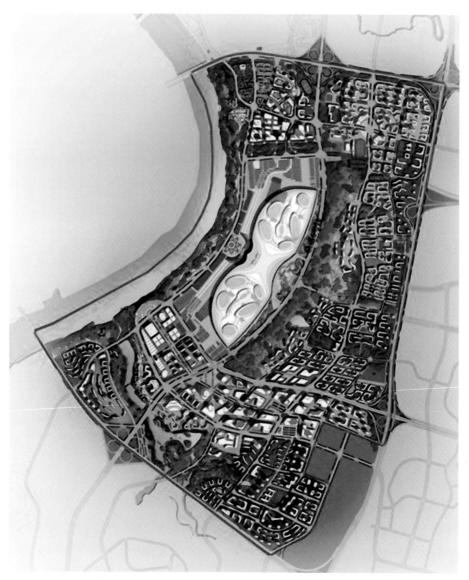

图 8.3　片区规划图

规划范围为悦来新城的核心区域，它将是以展览、会议为主，集居住、休闲、旅游、商业配套于一体的综合功能区，将其用地空间布局结构概括为"一心、五片"：一心——重庆国际博览中心；五片——围绕重庆国际博览中心形成城市商务金融中心区、传统文化体验区、文化休闲及会展配套酒店区、会展公园旅游休闲区、外围配套居住区五大功能片区。

规划范围内城市建设用地总规模约 685.44 hm^2，其中：居住用地约 242.8 hm^2；商业服务业用地约 88.5 hm^2；公共管理与公共服务设施用地约 155.8 hm^2；道路与交通设施用地约 155.1 hm^2；绿地、广场、公用设施用地约 43.2 hm^2，其中公园、广场绿地约 9.5 hm^2、防护绿地约 26.9 hm^2，此外生态绿地约 112.04 hm^2。

宏观城市发展对悦来的发展定位和相应的配套需求提出了更高的要求。为与悦来会展城的新定位及发展规划相适应，城市建设中极其重要的部分——交通设施的建设，应遵循国际先进的一体化交通规划设计理念，从而需要营造协调、高效、可持续的综合交通运输系统，适应和支持城市社会经济发展需要和城市空间合理拓展的交通系统。同时，要考虑会展交通的需求特点，顺应当前可持续、以人为本的发展理念，以生态、绿色、高科技的交通模式提升城市品位、优化城市功能，从而营造绿色生态会展城。未来悦来会展城交通系统的发展目标将体现人性化、高品质、整合性、科技型的特点。

8.1.3　项目挑战

①如何结合国际博览中心的规划，提出国际博览中心及悦来新城未来的交通发展目标，借鉴国内外会展中心和区域综合交通规划经验，做出有山地特色的会展中心交通。

②提出一体化的交通规划理念，从道路系统、慢行系统、停车系统、公交系统和智能交通系统五个方面组织协调的问题，以及一体化综合交通系统的规划和工程设计落地的问题。

③规划设计与运管结合问题。

8.1.4　创新设计与技术特点

1）提出"前期—规划—设计—施工"一体化

项目在前期系统研究的基础上，借鉴了国内外先进经验，对道路交通系统、公交系统、停车系统、慢行系统等各子系统提出了具体的规划、设计方案，并综合考虑实际情况，落实于工程实施，从而避免了因各阶段单独立项、独立设计而造成的技术脱节和理解偏差等问题，提高了工程效率。

2）规划设计实现"道路—交通"一体化

项目所涉及工程属新建工程。在区域路网规划阶段，项目基于区域发展战略目标和土地利用规划建立区域交通模型，对路网等级结构、道路标准断面及交叉口形式等提出了要求；在道路设计阶段，通过路网交通流量分析，明确了交叉口车道功能划分、区域交通组织及公交站点布局；通过道路与交通两个子系统的一体化设计，可保障道路基础设施能更好地满足交通需求，同时交通硬件设施和软件管理措施也可尽可能发挥道路基础设施的功能，从而显著提高道路交通系统的运行效率和投资效益比。

3）交通分析"动态—静态"一体化

项目借鉴美国加州、日本东京等地区、城市的做法，将静态停车系统等同于动态交通系统，作为整个项目的规划重点。尤其针对国际博览中心，在详细分析各类型车辆出入国际博览中心交通流线的基础上，对停车系统进行了深化设计。国际博览中心的停车库具有规模大、车库间存在高差、出入口多等特点，为了能引导停车者便捷、有目的地停车，在方案设计中采用了动静相结合的道路交通标识系统，以保障驾驶员"方便地来、快捷地走"，实现车辆动、静态的顺利过渡。

4）实践低碳绿色交通理念

项目对此提出了两个保障措施：一是充分利用经过区域内的轨道线路和设置于区域内的轨道站，将轨道站点与周边公交站、大型居民集散点通过便捷的人行通道进行有机结合。二是建设系统、便捷的慢行系统，包括步行道、自行车道和综合慢行道。借鉴香港半山自动扶梯做法，将住宅区与商业办公区有机地衔接；结合区域面江邻山的自然特色，设计了自行车专用道（该项已纳入了重庆市自行车示范工程）。

5）创新成果特色

工程以区域发展为背景，以国际博览中心规划为基础，以城市土地利用为依托，以提高交通运输效率为根本，借鉴国内外会展中心和区域综合交通规划经验，提出了一体化的交通规划理念，成果主要体现在以交通为导向的规划思路，一体化的规划理念，服务会展的规划目标，以人为本的设计思路，因地制宜的规划特点五个方面。

8.2 重庆雷家坡立交讨论

8.2.1 项目背景与概况

重庆雷家坡立交工程位于重庆市渝中区南纪门，地处渝中区解放西路与中兴路交汇点，南临长江、北依雷家坡，东西向为南干道，距菜园坝立交 1.8 km，距储奇门节点 0.9 km。该立交将是菜园坝石板坡长江大桥、长江滨江路与解放碑、朝天门相互连接的交通枢纽。相关部门规划在菜园坝立交与储奇门节点之间修建雷家坡立交，希望通过该立交充分发挥长滨路的交通集散功能，实现长滨路与解放东路、解放西路、中兴路及石板坡立交的便捷联系，缓解周边路网的压力。该立交在城市核心，造价高，对城市交通环境影响大，属于城市交通改善与更新项目，项目设计历时十多年，已完成初步设计，推动中有各种不同声音，为慎重起见，重庆渝中区建委委托林同棪国际工程咨询（中国）有限公司进行咨询论证，项目咨询中充分呈现了城市更新的机会和面临的挑战。

8.2.2 项目挑战

该立交自 1997 年开始方案研究，2013 年方案完成并开工建设，2014 年却因建设条件有所变化，基本停工。接受咨询委托后，林同棪（国际）的设计人员顶住压力，面对了新挑战。

①重庆渝中区有着典型的山地地形，交通系统非常复杂，对其交通系统分析和评估投入巨大，国内现有交通预测技术手段存在不少问题。

②立交造型极大受限于其相邻的冷库的控制条件，而冷库的使用功能发生了很大的变化。

③项目涉及轨道交通桥预留、雷家坡立交改造、高边坡处理问题，涵盖长滨路高架桥和污水截流干管等项目，要求搜集基础资料众多，任何方案都可能落地困难。

8.2.3 创新技术特色及理念

①渝中区在路网布局上形成了"十桥、四环、六横、十四联络"的整体格局，道路沿台地布设，呈现出自由分布形态。区域内交通方面，解放碑周边地区早晚高峰期较拥堵，尤其在临江门—大溪沟、中兴路较严重，而滨江路交通较为通畅。综合分析显示，整个区域交通主要呈现出了以下两大特征：a. 交通转换过于集中，局部区域过度

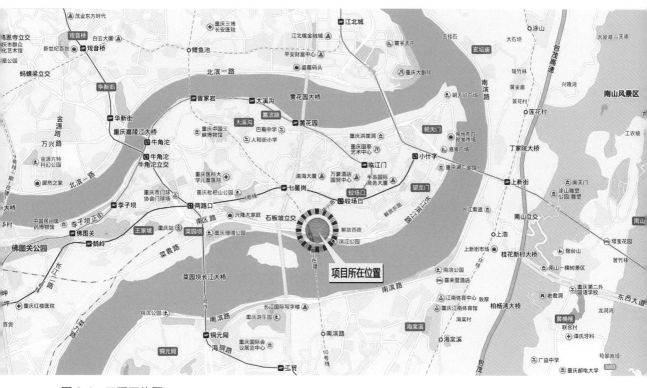

图 8.4　工程区位图

饱和，部分区域相对较为空闲；b. 交通运行速度较快的道路系统直接与核心区服务性道路相接，缺少有效的过渡空间，交通平衡缺失。

②为使立交的建设更加符合交通发展需求，设计者采用了四阶段的交通流量预测方法对立交各个流向流量进行了预测，最后得出了以下结论：主流方向为较场口与石板坡立交方向，长滨路与解放西路直行方向；次主流方向为菜园坝（长滨路）与较场口方向，石板坡立交与朝天门（长滨路）方向；其余向左、右转为次流方向。

③项目北至商业密集的较场口、解放碑片区，南靠长滨路，东往储奇门、朝天门，西迎石板坡立交、菜园坝交通换乘枢纽，是城市道路网中重要的节点，应采用较高的标准进行设计。同时，在设计立交时，应以综合交通规划为指导，以交通需求预测为依据，要因地制宜、科学合理，更好地满足交通转换功能，并且应结合现状地形，考虑立交与周边建筑、景观的协调。立交的布置结合轨道交通十号线工程可行性研究报告，避免了与轨道建设的冲突，尽量减少征地和拆迁。

④鉴于新型城镇化的背景以及城市基础设施建设的新要求，遵循"环境友好、资源集约"的可持续发展理念，针对渝中区自身的地形特点以及交通所呈现出的问题，吸收国内外城市核心区交通发展的经验，提出了绿色交通、平衡交通的可持续发展理念。一方面，提出并主张大力发展轨道交通、公共交通，提倡绿色交通的出行方式；

另一方面，针对当前雷家坡立交，梳理其交通转换思路，力求通过疏通交通转换节点，构建完善、平衡的道路交通系统。在满足交通功能的基本要求上，综合考虑其社会、经济、文化方面的影响与作用，最终将雷家坡立交打造成集车行交通转换、轨道南纪门车站、行人步行以及城市景观文化为一体的多功能综合体。

8.2.4 咨询建议立交方案

1）对存在问题的整理

方案设计本身仍然存在着一些未解决的问题。设计者虽然采用了传统的环圈匝道的设计方式，很好地克服了巨大的高差，实现了长滨路与解放西路、中兴路的连接。然而，环圈匝道跨越长滨路高架桥，对行洪安全有一定影响。交通结构的增加对江岸的景观和城市空间形态有所影响，密布的匝道桥墩也将破坏滨江加筋护堤的整体性，施工不利影响大；环圈匝道出入口处存在交织问题，随着交通量增长，交织距离短将带来不定程度的交通拥堵。在用地结合方面，已建 G 匝道对项目地块形成了切割，加上全高架桥的匝道形式，使项目所在的开发地块可开口的选择大大减少，立交的建设将对地块的使用造成不利影响。

图 8.5 推荐方案透视效果图

2）建议方案

对现状道路标高进行梳理，新设计方案采用连接滨江路与解放西路中间层来实现各个方向的联系。新方案中立交形式简单明了，对江岸景观不利影响小；构筑物少且结构简单，工程经济节约。

方案环形匝道的外圈为长滨路上行往解放西路和中兴路的方向，内圈为中兴路和解放西路（石板坡方向）下行往长滨路的方向。立交主要设置两条匝道（A，B）以及三个交叉口，实现中兴路上、下行，解放西路上、下行，长滨路上、下行之间的交通转换。

通过合理布置变坡点和竖曲线长度，立交匝道采取桥梁和隧道的形式，其总纵断面符合规范标准，设计标准较高，能够满足行车以及通行能力的要求。

3）交通组织

交通组织简单，采用智能交通控制理念，上、下设两个灯控路口，使交通安全、易于管理。

8.2.5　创新设计与技术特点

①立交设计咨询采用交通系统阈值理论，并结合智慧城市交通管理理念，对大交通做了科学预测。

②在整个立交工程设计中，将城市阳台、城市造景、城市景观的考虑融入工程设计中，立交工程在满足交通功能的需求下，使新建立交最大程度地融入周边环境。

③立交将匝道布置在地下，采取隧道下穿南纪门冷冻库的方式消化解放西路与长滨路之间的高差，避免了立交侵占滨江公园的土地面积，减少了建筑物拆迁，增大了环圈匝道半径，降低了匝道坡度，提高了平面设计标准。中兴路下行往长滨路方向通过中兴路与解放西路十字路口接入新增内圈匝道实现，减少了匝道的长度，降低了工程造价。

8.2.6　成果总结和评估

城市中心立交设计，是集交通工程、城市空间形态、道路桥梁管线与景观为一体的综合性项目，在资源集约时代，还应在其条件允许的情况下考虑综合开发。它不仅涉及社会评价客观因素，也涉及市民对美好生活的主观愿望。对于地处市区滨水地带的立交，在考虑交通功能要求的基础上，应结合城市景观设计综合考虑，在不影响交通功能的情况下，最大化减少其对城市环境的影响，使立交景观与周围景观浑然一体，体现人与自然的和谐统一。雷家坡立交设计咨询方案，通过将环境友好、资源集约的设计理念贯穿于整个工程设计全生命周期中，实现了上述要求和目标，对日后类似工程有一定的参考价值。

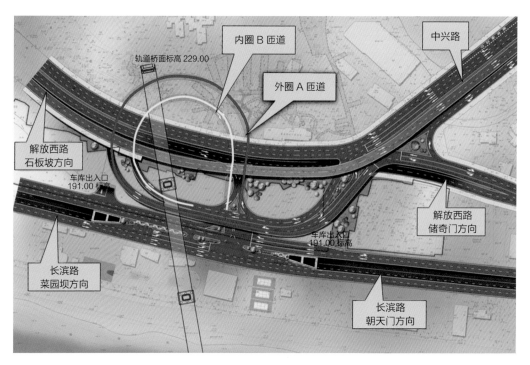

图 8.6 推荐方案平面图（一）

图 8.7 推荐方案平面图（二）

8.3　重庆弹子石立交改造——群慧广场新生

8.3.1　项目概况

重庆市弹子石立交改造工程项目位于南岸区弹子石 CBD，占地面积 $1 \times 10^5\,\mathrm{m}^2$。南岸区弹子石 CBD 由该地区商业中心与企业总部等组成，将与解放碑、江北城共同组成重庆市的核心商业区,其对于南岸区甚至整个重庆市的发展具有举足轻重的作用。

弹子石 CBD 的商业中心被东西向的东西干道、南北向的腾龙大道，以及两条道路交接的立交桥所分隔。建设中心广场才能有效地整合起商业中心，提供大众集散、游憩区域，营造商业中心形象与气氛。广场的建设对于该商业中心来说十分必要，它将促成商业中心的商业连续性，串联起轨道与公共汽车等服务设施，提供有趣的游憩空间，塑造商业中心的公共形象，营造舒适的商业服务氛围，使规划的商业中心区发挥其应有功能。

图 8.8　群慧广场区位示意图

8.3.2　设计理念

项目有趣的地方在于，群慧广场项目的用地就是市政立交桥的用地。项目周边用地属于拆迁重建性质。以下四项促成了这个有趣项目的诞生：①南岸区的规划调整把这片区域设定为商业中心区；②立交正在重新设计过程中（东西干道之前未贯通，立交未建）；③两条轨道线在此交汇，设换乘枢纽站；④南岸区一直盼望拥有这样一个广场。

项目所在的整体区域，地形变化较复杂，道路立交与广场在空间上叠加。中心广场与立交共用一片土地，罕见而有趣，两者相互干扰需要屏蔽，也相互扶持有待发掘。这些，对营造中心广场来说难度巨大，是挑战，但成功地处理将获得丰富而独具特色的空间效果。

1）跌落贯通的广场群

设计组合上盖、下穿多层级广场群。在路上、桥下整合出丰富通畅的联络空间，融合周边商业建筑的周边场地，将被路桥分割的四个区间紧密整合在一起，营造共同的游憩环境，并连接整合周边所有的道路（轨道、公交），形成方便快捷的集散枢纽。

图 8.9　群慧广场平面布置图

图 8.10　群慧广场营造出的丰富空间

　2）形象凸显的游憩园

充分利用空间后退、雕塑凸显的手法，向路过的车流、人群展示广场，营造迎宾氛围，也为商业中心塑造外在空间形象。

　3）圆滑流淌的边界线

大量采用圆弧收束场地空间，并把曲线应用于广场铺地及上盖广场地面装饰，为宽阔阳刚的广场增加流动与柔美。

　4）造型生动的雕塑桥

结合广场的整体装修，跨越广场群的所有桥梁将被装点成广场有机、有趣、有用的组成部分。美观有效的吸音、隔音设施，协调变化的桥身、桥柱、桥栏杆把桥梁美化为下沉广场的漂亮穹盖，使遮阳、避雨得以成立，照明、音响等设施得以自然生根。这里桥身不再是单调线型，它会在平面上适当变化，如可以是不规则波浪形，突出的部分在桥上是桥面绿化，而对桥下来说，是有趣的华盖、雕塑。

8.3.3 项目设计

之前，项目有过其他的可研设计，是一个拔高到立交之上的架空广场。这样的考虑优点很明显：最大限度屏蔽了广场与道路立交间的相互干扰，广场自成为完整的大广场。但是缺陷也大：公交特别是轨道站与广场的连接疏离了，交通与游憩的互动可能牺牲了，立交桥作为造景雕塑的可能性也失去了，高造价与广场种植的受限也难以接受。

所以，最终的设计是，结合地形在东段采用与腾龙大道齐平的高架广场，覆盖该段本就是开挖建设的东西干道，立交主体与西段则分级潜入道路下方，把立交匝道桥凸显为广场雕塑，噪声、尾气的屏蔽在道路桥梁设计中采取措施。由于成功地争取到整体设计除了轨道系统外的所有建、构筑物，从而能够更加整体性地把握项目。

1）平面布局

首先，在腾龙大道与东西干道的立体交叉处，打造就近换乘的公交系统：靠近交叉口集中设置 4 个公交车站，利用沿东西干道（标高约 264 m）的中层广场及扶梯系统使其相互舒适连接，并进而与轨道环线车站、轨道 11 号线车站连接。

腾龙大道往东，沿东西干道布置东西长约 420 m 的上盖广场。上盖广场东端收束于规划的东西干道上跨道路桥，沿桥在道路两侧形成东入口广场。而上盖广场的西北部，设置广场服务建筑，借以打造广场视觉焦点。该服务建筑下方，拓展建设地下车库，车库与东北象限商业建筑群的地下车库相连接。

腾龙大道以西，首先是沿东西干道两侧和腾龙大道西侧的中层广场，然后是围绕轨道环线车站北侧的下沉广场（主体标高 254 m），一直往西连接弹子石正街。在轨道车站西南，设置第二个地下车库，与弹子石正街连通，并连接西南象限商业建筑群的地下车库。

整个广场结合周边建筑群的地面设计，完成广场与周边环境的有机连接。广场本身用地为不对称的"星形"，又被干道、立交匝道穿越撕裂，设计因势利导，采用多处连续柔和曲线，使得穿越的道路有机地融入成为广场的组成部分。广场突出地面的建筑主要有广场服务建筑、车站候车棚、轨道车站风亭等，其虚实有别，但在轮廓、体块上内涵相通。对于下层广场，采用周边后退廊道，虚化、丰富化地下空间的围合感，同时为广场提供了廊内的商业服务用房。在上跨的匝道桥梁上，作不规则波浪形突出的翼侧悬挑，为匝道桥面带来空中绿化，为广场提供雕塑化的桥梁景观。

图 8.11　上盖广场效果图

2）竖向设计

广场主体三层，在腾龙大道与东西干道的立体交叉处附近，三层广场的控制标高从上至下为 272 m、264 m、254 m。控制标高为 272 m 的上盖广场从西往东起坡，西端标高 272 m，东端标高 269.5 m，平均坡度约为 0.6%；控制标高为 264 m 的中层广场为扩宽的人行道，沿道路坡降，主体向车行道找坡；控制标高为 254 m 的下层广场向西端起缓坡。

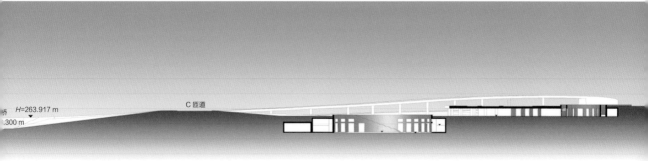

图 8.12　竖向设计

3）建筑小品设计

①店铺：围绕下层广场及轨道环线车站，设置连续店铺，建筑进深按 7~12 m 控制，总建筑面积约 7 500 m²，均为掩土式地下建筑，部分用房将用作广场管理用房。

②广场服务建筑：这里专指上盖广场西北部的标志性建筑。它是单层变空高建筑，其地平及室内空高适应造型需求及功能需求而变化，不规则外轮廓加上内部穿越的"Y"形内广场使建筑空间最大限度融入广场，并丰富了广场空间形态。在立面处理上，让建筑屋面从广场地平升起；在结构的概念上，融入生态掩土的思路，营造生长于广场的融洽氛围，且尝试使屋面融入广场活动空间的意境。

③车站建筑：总体化处理腾龙大道西侧、东西干道两侧的 3 个公交车站的候车棚，使之成为西来广场车流的迎宾景观。车棚建筑的体块延续广场服务建筑的形式，与之形成虚实造型的对比。腾龙大道东侧的公交车站，做同样的呼应处理。

④地下车库：广场设置两处地下车库，总面积约 16 000 m²，分别位于广场服务建筑下方与广场西南角，均与相邻周边建筑的地下车库相连通。

⑤水景：在下层广场布置了流线型水景，意图打造一个"夏日凉院"，用无声的小喷泉给院落带来清凉，同时，借用水面倒影扩大院落空间。

4）交通与周边路网整理

为了支撑群慧广场的打造，也为了促成广场周边商业中心的友善交通环境，对周围 10 km² 之余的交通路网体系做了研究与梳理，对整个路网做了有益于项目的合理调整：a.减轻项目用地上立交的交通转换压力，从而减少匝道数量，减轻立交对群慧广场的撕裂分割。b.为商业中心设置单向环道，结合定向车流的上跨、下穿处理，减少车流交叉，理顺商业中心区周边交通。c.为商业中心增设一条连接道路，跨越项目用地东侧的内环高速，加强商业中心与高速以东地块的联系。

5）立交与桥梁设计

常见的立交桥设计，桥下空间利用中，也有人行游憩空间。但本项目的目标不仅仅是一个小的游憩空间，而是一个城市中心广场，而该立交匝道桥，将被推到广大市民眼前，一如广场上的雕塑。必须更加全面地关注这些匝道桥的设计，特别从审美与生态方面关注桥梁底面与各个侧面的形象。

设计难度的增加是一方面，投资的增加在所难免，这得由城市主管部门和投资公司来决定。大量沟通后，最终完成了以上这个略为折中却不失全面的设计。

8.3.4　设计总结

车行立交与人行广场的空间叠加，会产生剧烈冲突。而该设计，大部分精力都用于屏蔽这个冲突对各方的伤害，同时又力图发掘这个冲突的美感与戏剧性。各种处理是否合理有效，需要广场建成来一一检验。

该项目的设计历时 3 年，经过大量的设计努力，达到了我们希望的结果：

①消除了交通安全隐患。原设计中弹子石立交与黄桷湾立交间距不满足现行规范 1 020 m 的要求，交织段仅 180 m，存在重大交通安全隐患。新方案对弹子石立交进行了优化，所有匝道开口间距均满足现行规范要求，提高了行车的安全性和舒适性。

②提升了片区整体交通功能。现设计方案取消了原弹子石立交设计中 A、D、F、H 四个匝道，增加了步行广场，将原弹子石立交的单一车行交通系统改善为步行、轨道、车行融合为一体的立体交通体系，同时保持了三个 CBD 之间交通联系不变，将茶园与弹子石 CBD 的交通联系放在整个路网中解决，改善了所有交通汇集到弹子石立交一点的状况，平衡了整个片区路网的交通压力。通过交通流量论证，整体交通功能优于原立交设计方案。

③体现了公交优先的发展思路。原弹子石立交方案在轨道环线弹子石站附近无法设置公交系统，严重削弱了轨道客流快速集散的能力。新方案紧贴轨道车站分别在东西干道和腾龙大道旁各设置了一组公交车站，实现公交、轨道零距离换乘，同时利用与轨道站厅层无缝衔接的多级广场，达到快速集散商务区客流的目的，实现公

交、轨道交通营运双赢，符合现代化大城市中公交优先的发展思路。

④完善了城市功能。弹子石立交处于总部经济核心地带，原方案将周边地块分割，不利于 CBD 发展商务经济。优化后的方案可形成功能强大的城市核心广场，不仅有效地将立交周边的商务片区融为一体，而且提供了市民呼吁多年的城市休闲娱乐开敞空间，完善并提升了该片区的城市功能。

⑤对弹子石立交施工影响最小。优化方案取消了四个匝道，在腾龙大道东侧仅保留了东西干道，广场建设全部位于东西干道两侧和上方，基本不影响弹子石立交的主体工程建设，各业主之间交叉作业影响范围最小，有利于已进场的弹子石立交施工组织。

⑥经济效益和社会效益最佳。经济效益方面，一是减少了立交匝道和东西干道两侧边坡体系，将大幅降低弹子石立交的工程造价，减少了市城投公司的投入；二是通过广场集散轨道客流，大幅减少了轨道出入口数量，降低了轨道工程造价；三是广场结构简单，土石方开挖量较少，广场的总体经济指标较优。社会效益方面，优化方案除提升城市功能以外，土石方外运相对最少，减少了外运过程中的城市污染。